农民培训精品教材

U0272444

现代农业产业化
与农村一二三产业融合发展

梁胜江　周卫海　张　敏　主编

中国农业科学技术出版社

图书在版编目（CIP）数据

现代农业产业化与农村一二三产业融合发展 / 梁胜江，周卫海，张敏主编 . --北京：中国农业科学技术出版社，2024.5
ISBN 978-7-5116-6832-5

Ⅰ.①现… Ⅱ.①梁…②周…③张… Ⅲ.①农业产业化-研究-中国②现代农业-农业发展-研究-中国Ⅳ.①F320.1②F323

中国国家版本馆 CIP 数据核字（2024）第 102752 号

责任编辑 白姗姗
责任校对 李向荣
责任印制 姜义伟　王思文

出 版 者 中国农业科学技术出版社
　　　　　　北京市中关村南大街 12 号　　邮编：100081
电　　话 （010）82106638（编辑室）　　（010）82106624（发行部）
　　　　　　（010）82109709（读者服务部）
网　　址 https://castp.caas.cn
经 销 者 各地新华书店
印 刷 者 鸿博睿特（天津）印刷科技有限公司
开　　本 140 mm×203 mm　1/32
印　　张 5
字　　数 125 千字
版　　次 2024 年 5 月第 1 版　2024 年 5 月第 1 次印刷
定　　价 39.80 元

《现代农业产业化与农村
一二三产业融合发展》
编 委 会

主　编：梁胜江　　周卫海　　张　　敏

副主编：李学会　　张秋立　　郜宏彬

　　　　孟德锋　　李建兴　　尹红艳

　　　　刘文峰　　邵凤成　　唐　　杰

　　　　俸平康　　毛兴菊　　黎　　鹃

前　言

　　农业是我国国民经济的基础产业，农业发展趋势之一是实现农业现代化。实现产业兴旺，要立足本地、优化产业布局、建立现代化产业化体系，为农民增收创收提供稳定的来源。现代农业产业体系是以现代农业经营理念为指导，以现代生产要素投入、科学的组织方式和高效的市场运作为基础，以纵向产业链延伸和横向多部门扩张为支撑架构的有机整体，是一个整合协调、有效连接、高效、竞争力强的综合产业体系。

　　实施乡村振兴战略是一个系统性、整体性、协同性的战略工程。在实施乡村振兴战略的过程中，必须让农村经济发展起来，实现产业兴旺，其中最重要的举措是促进农村一二三产业融合发展。

　　本书共12章，包括总论，农业产业化发展规划，农业产业化主导产业、配套服务，推进新型农业产业化经营组织高效发展，农业产业化经营，农村一二三产业融合的必然性，推进一二三产业融合发展，农村一二三产业融合发展的机制与路径，农村一二三产业融合发展体系的构建，农村产业融合的战略，农村产业融合的"六项"要点及实施办法，推进农文旅融合发展等内容。

    本书探究了现代农业产业化、农村三产融合的发展路径，旨在为我国农业三产融合发展研究提供一点参考。

编　者

2024 年 4 月

目　　录

第一章 总 论

第一节 农业产业化的本质及特征

农业产业化是以市场为导向，优化组合各种生产要素，使农业走上自我发展、自我积聚、自我束缚、自我调整的良性发展轨道的现代化经营方式和产业组织模式。它的实质是指对传统农业进行技术改造，推动农业科技提高的进程。这种经营模式从整体上推进传统农业向现代农业的转变。

一、本质

农业产业化的本质从各角度都有不同的观点，主要的观点有以下 3 种。

（一）农业产业化是将农业产业系列一体化

其实质是通过企业对国内外市场的整体把握，最大化地提高农业效率。根据国内外农业市场发展经济的整体环境，将农业产品生产中的各个环节，包括企业、农业基地、农户等统一一体化，因而使当地农业走可持续发展的道路，协调有益地发展，推进当地农业现代化进程。

（二）农业产业化是一个新型的生产经营方式

这种方式同时要具有现代管理体系。也就是说在当前中国的农业经济发展宏观调控下，按照经济发展的规律，将区域的农业发展产业化一体化，其中包含了当地区域的农业科技研发创新、现代农业知识的培训和辅导、农产品基地的建设生产、农产品的多元化加工、农产品的储存运输、农产品的对外贸易等环节集于一体化的管理和经营。

（三）农业产业化以提高农业和农村经济为主要目标

这种观点认为，农业产业化主要包含了3个因素，即特色支柱农产品、当地的龙头骨干企业、现代化一体化的经营模式，这三者有机结合、缺一不可。也就是按照市场经济发展规律，在以提高农业和农村经济为主要目标，行使家庭联产承包责任制的条件下，对农业和农村经济的传统产品、主要产业，实行分工明确的重新组合，各个环节互相紧扣以形成农业产业化实体，这种实体从一定意义上具有将农业产业利益较大优化的能力，从而使农业得到良性发展。

二、特征

农业产业化有许多种外在特征，可以从各方面进行描述，现归纳如下。

第一种观点　农业产业化是在和传统农业作对比中产生的，其特征是：运用现代化农业的科学技术，将农业中农产品和农业技术手段进行改造和升级，不再是以往改革开放前的农户靠天吃饭，逐步打破这一制约，和自然抗衡。

第二种观点　农业产业化的特征是：农业生产手段现代化，把城市与农村紧密相容结合起来，使城乡差距缩小、相互促进、共同进步，而且不管是大农业还是小农业都应该逐步专业化。城市和乡村的紧密结合还体现在农业与工商业的结合上，在市场机制下，农业与工商业之间应做到互利互惠，互相帮助。

第二节　农业产业化经营的必然性

一、农业产业化经营是产业发展的必然趋势

经济发展的重要前提是产业结构优化，而产业结构优化需

要具备两个基础条件：一是产业结构优化设置应适应其自身演进规律，二是产业结构优化调整应以其自身变化趋势为基础。产业结构从低级到高级演化是在特定条件下存在的一种必然趋势。长期以来，农业之所以属于弱质产业，是因为农业仅限于从事初级产品生产，滞留隐患性失业即剩余劳动力过多。农业产业化经营通过发展集约高效的种养业、农产品加工业和运销业，延伸和扩展产业链，可以吸纳相当多的农村劳动力就业，创造价值，增大农产品附加值。同时，城市里的农产品加工业及其他劳动密集型产业向农村转移，为农村发展第二、第三产业提供更多机会。乡镇企业以着重发展农产品加工业和运销业为战略方向，适当集中，并与小城镇建设结合，从而形成众多的强有力的经济增长点，转移更多的农业劳动力。在相同条件下，农业占用劳动力越少，农业劳动生产率就越高，这是现代农业发展的一般规律。

二、农业产业化经营是农村改革与发展中矛盾冲突的必然结果

由于农业产业化经营发端于农产品"卖难"，根源在于农产品流通体制。所以，分析农业产业化经营要从农产品流通体制剖析入手。

中华人民共和国成立初期，我国的农产品经过短短几年的自由购销形式之后，政府相继提出统购统销、合同派购、议价收购等政策。实际上，在中华人民共和国成立以后很长时间内，国家一直把统购、议购、派购作为农产品收购的基本形式，再加上国家统一销售、调配农产品，这就形成了传统农产品的产销形式。

这种高度集权的农产品购销政策是国家在特殊的历史背景下采取的特殊政策，对国家掌握必要的物资、稳定市场物价、保证人民生活的基本需要和进行社会主义建设都发挥了重要的积极作用。但由于这种购销体制违反了自愿原则和等价交换原则，暴露出很多弊端，严重剥夺了农民利益，不利于发挥他们的主观能动性。

三、农业产业化经营是现代农业的主要经营形式

目前，我国农业和农村经济发展进入了新阶段。新的形势为推进农业产业化经营带来了重大机遇。各地在实践中以农业产业化经营为突破口，有力地推进了现代农业发展，为社会主义新农村建设提供了产业支撑。加快农业产业化经营，有利于集中生产要素，加速现代农业科技成果转化，推进标准化生产、产业化经营、科学化管理和社会化服务，从而较好地实现要素投入集约化、资源配置市场化、生产手段科学化和经营一体化，有效地提高农业劳动生产率、资源产出率和农产品商品率，加快传统农业向现代农业转变。

第三节　推动农业产业化发展

一、政府加大投入

政府应建立健全农产品市场体系，加大政策性金融对"三农"的支持力度，是提高农民收入、实现农业产业化的关键。

二、提高劳动者素质

劳动者素质的高低，直接影响着农业产业化的发展速度，加大教育资金投入以提高农民的文化水平，力求从根本上扭转农民传统落后的发展观念。继续发展农业中等、高等教育，培养农业及相关技术开发和推广应用的农业专门人才，开办各种形式的农业职业教育，提高农业后备军素质。

三、充分发挥科技创新和技术推广的作用

从农业发展实际的需要出发，加快技术更新和科技成果的

转化，使其发展成为拥有自主知识产权、创新能力强的现代农业企业或企业集团。深化农业科技和技术推广体制改革，加大科技投入、培训力度，提高农产品的科技含量，增加经济效益。

四、建立健全农业社会化服务体系

将农协组织合法化，制定有利于其成立与发展的法规政策，发挥规模优势，提高竞争能力；充分运用税收、信贷和补贴等经济手段扶持农协组织的发展；提高农业企业产业化经营服务水平。

五、建设信用约束机制完善调配机制

推进农业产业化涉及多种行业、多种部门的经济利益关系，只有处理好各个部门、行业之间的关系，致力构成正当且公平的利益调配机制，才能使农业产业化拥有良好的发展态势。让农民切实地得到农业产业化所带来的利益，形成利益共享、风险共担的利益共同体，同时增强农民法治意识，解决好农户与企业的信用问题，农户和企业都可放心合作，在利益的驱动下更好地发展农业产业化经营。

第二章　农业产业化发展规划

第一节　农业产业化发展规划概述

一、农业产业化发展规划的概念、特点

（一）农业产业化发展规划的概念

农业产业化发展规划一般是指各地区或各区域根据其农业资源状况、生产力发展水平、农业产业发展的状况和未来可能发展的趋势而制定的具有综合性、长期性的一种发展计划。即指农业产业化实施之前的筹划、谋略，是实现农业产业化、增加经济收入的创作过程。农业产业化发展规划受经济条件的制约、市场调控的影响和科学技术的指导，具有全局性、导向性、差异性、动态性的特点。

农业产业化发展规划是在特定的农村区域范围内进行农业产业调整的总体部署，是有效地开发利用区域资源的一种科学发展安排。

（二）农业产业化发展规划的特点

1. 全局性

农业产业化发展规划问题属于全局的、长远性问题，体现了农业与相关产业系统协调发展的内在规律。同时，它也是对某一地区调整农业产业进行规划，既包括农业内部的各产业，也包括工业和商业的一部分。这就要求我们遵循"统筹兼顾，

全面综合"的原则来考虑农业产业化发展问题，避免主观片面，顾此失彼。

2. 导向性

农业产业化发展规划是对规划区域内的农村经济进行长远的战略部署，着眼于区域的未来发展，使农业内部各产业在比例、规模和发展速度等方面日趋合理，并对相邻区域和相关产业以及整个经济社会的发展产生巨大影响，因此，具有导向性的特点。所以，应遵循"瞻前顾后，长短结合"的原则规划农业产业化发展。

3. 差异性

不同的农村区域在自然条件、社会经济条件，农业发展的历史、现有的水平以及在国民经济总体中的地位和作用等方面存在的差异，必然导致其长远发展方向、重点项目建设应采取的技术、措施、途径等方面的不同。因此，农业产业化发展规划的内容和形式必须从区域的实际情况出发，体现区域的特色。要求在进行规划时，应遵循"因地制宜"的原则，防止生搬硬套，搞"大而全""小而全"的统一模式。

4. 动态性

影响农村区域的各种自然、经济、社会、技术等因素及对区域经济发展的作用是随时间的变化而变化的。同时，区域又是一个开放性的系统，不断通过输入和输出与外部环境进行能量、物质与信息的交换。因此，应充分考虑其动态性，才能科学地制定农业产业化发展规划。动态性的特点要求在进行规划时，应始终坚持发展观，保证规划的可持续发展性。

二、农业产业化发展规划的内容

农村区域是由农村自然资源和社会经济资源组成的具有特定功能的有机整体。制定农业产业化发展规划，必须从不同的农村区域的实际出发，突出各区域的特色，因地制宜地确定各自的内容。

从总体上讲，农业产业化发展规划的内容应包括以下几个方面。

（一）土地利用总体规划

在规划中，应充分考虑土地的因素。在确定主导产业后，充分考虑场地建设用地和生产基地用地，对土地进行合理有效的规划。

（二）现代农业发展规划

农业的发展对促进当地农民增收和社会稳定具有积极的意义。由于地区的差异性，不能搞"一刀切"，各地区应根据其自身特点和优势，确定不同的现代农业发展规划。

（三）农村工业发展规划

农村的工业主要是一些农产品加工业，它们服务于当地的主导产业，有的可能成为当地的龙头企业。农村工业发展规划应与主导产业和龙头企业发展规划结合起来进行。

（四）农业主导产业和龙头企业发展规划

主导产业是农业产业化的主要内容，龙头企业是产业化的主要带动者。主导产业规划应结合地区优势，利用当地的资源，发展特色农业。龙头企业的选取不仅要考虑企业自身的发展状况，更要结合主导产业，将农户与市场结合起来。

（五）生产基地规划

农产品商品基地是发展产业化的基础和龙头企业发展的依据。生产基地建设规划是保证整个农业产业化规划顺利实施的重要环节。

第二节 农业产业化发展规划的指标及指标体系

一、农业产业化发展规划指标

农业产业化发展规划指标是落实农业产业化发展战略不可缺少的工具和手段，战略只有落实到具体的规划指标，才能得到有效的贯彻。同时，只有制定科学的规划指标，才能使规划更有针对性和可操作性，确保农业产业化发展规划顺利实施。因此，农业产业化发展规划指标在制定发展规划中起到非常重要的作用，而要正确使用农业产业化发展规划指标，就必须对发展规划指标的概念、类型和功能等问题有较为全面的了解。

（一）农业产业化发展规划指标的概念

农业产业化发展规划指标是反映农业产业化发展（现在或将来）的规模、数量、质量、组织类型、状态、等级、程度等特性的项目。例如，农业生产总值、种植业生产总值、养殖业生产总值、农产品商品率、单位耕地面积生产率、农村人均纯收入、种植业在农业生产总值中的比重、养殖业在农业生产总值中的比重、农产品加工能力及加工的深度、主导产品的关联程度、加工企业的规模、技术水平、对农产品的开发利用程度等，都是农业产业化发展规划指标。

（二）农业产业化发展规划指标的类型

按照不同的分类方法，农业产业化发展规划指标可分为许多不同的类型。其中比较重要的类型有以下几种。

1. 客观指标和主观指标

客观指标是指反映农业客观发展的指标。例如"农产品商品率""农业产业化的生产总值""农民人均收入"等。主观指标是指反映农业产业化主体对加入产业化的主观感受、愿望、态度、评价等心理状态的指标，因此，又称感受指标。例如，"农户的满意度"。

在农业产业化发展规划指标中，通常是客观指标多于主观指标。这是因为客观指标相当于农民的实际发展状况，即民情，而主观指标是人们的主观感受，即民意，在实际情况下是民情决定民意，而且对民情的调查往往比对民意的调查稳定、准确、可靠一些。但是，这绝不是说主观指标是可有可无的。因为人是社会的主体，人的感受、愿望、评价、态度等心理状态，往往对社会发展产生极大的反作用。而且，民意与民情并不总是一致的。只有将客观指标与主观指标结合起来进行调查，才能更全面、更真实地了解社会情况。

2. 描述性指标和评价性指标

描述性指标是指反映农业产业化实际情况的指标。例如，"农业生产总值""种植业生产总值""农民纯收入""龙头企业的投入和产出率"等。评价性指标是反映农业产业化发展效果在某些方面利弊得失的指标，也称为分析指标或诊断性指标。例如，"农业产业化非农劳动力占生产基地农户或农村总劳动力的比重""农户食品支出占生活消费品支出的比重"等。

描述性指标一般是独立存在的，一个指标反映一种情况，它们是对社会现象的客观描述，单凭一个描述性指标很难做出好坏得失的评价。评价性指标则不同，它通常是以某种理论为指导，说明某种社会问题并将两种或两种以上社会现象作比较或进行计算得出的结果。例如，"农村非农劳动力占总劳动力的比重"，是根据农业剩余劳动力转移理论，为说明农村劳动力转移程度而将农村非农劳动力和农村总劳动力人数进行计算而求得的。这说明评价性指标不仅具有描述功能，还有分析、诊断、评价的功能。

3. 经济指标和非经济指标

经济指标是反映经济发展状况的具体指标。非经济指标是指反映农村经济领域之外的社会生活情况的指标。在农业产业化发展规划指标中，有些指标很难区分为经济指标还是非经济指标，如农村第三产业在业人数占总人数的比重等。因此，在农业产业化发展规划指标中，应把经济指标和非经济指标结合起来进行评价。

4. 肯定性指标、否定性指标和中性指标

肯定性指标是指反映农业产业化发展的指标，又称正指标，这类指标值越大，说明农业产业化发展状况越好。例如，"第三产业在农业中的比重""农民人均纯收入""农村人均国内生产总值""农村非农劳动力占总劳动力的比重"等。否定性指标是指反映阻碍农业产业化发展的社会现象的指标，又称逆指标或问题指标。例如，"农村剩余劳动率"。中性指标指与农业产业化没有直接联系的指标。

5. 投入指标、活动量指标和产出指标

投入指标是指反映投向某一具体产业或具体的农业企业的人力、物力、财力等资源的指标。活动量指标是指反映农业产业化过程的指标。产出指标是指反映农业产业化结果的指标。

此外，从指标的来源或获取方式上看，可将农业产业化发展规划指标区分为直接指标和间接指标，前者是进行实际调查获得的，后者则是从已有的文献资料中摘取的；从反映的时序上看，可将农业产业化发展规划指标区分为现实性指标和计划性指标，前者反映已成的发展结果，后者则是对未来的安排或预测。

(三) 农业产业化发展规划指标的功能

1. 反映功能

反映功能是农业产业化发展规划指标最基本的功能。规划指标选用那些最重要、最具有代表性的指标来反映农业产业化的发展状况，力求把复杂的现象浓缩在有限的几个规划指标之内。由于农业产业化发展规划指标具有较强的选择性和浓缩性，因此，它能根本地、直接地反映农业产业化的发展本质。

2. 监测功能

规划指标不仅有反映功能，而且还有监测功能。监测功能是反映功能的延伸，是一种动态的反映功能。指标可以显示主导产业的发展情况和龙头企业的发展状况。对它们的发展是一种反映，更是一种监测，为未来的发展提供建议。

3. 比较功能

当农业产业化发展规划指标被用来衡量两个或两个以上认识对象的时候，农业产业化发展规划指标就具有比较功能。规划指标的比较功能可以通过两方面来实现：一方面是通过横向比较，即在同一时间序列上对两个或两个以上认识对象进行比较。例如，同一时间的个别农业企业的比较、农村家庭与家庭的比较、地区与地区的比较等。另一方面是通过纵向比较，即对同一认识对象的不同时期发展状况的比较。例如，农民人均纯收入改革前后比较等。通过纵向比较有利于认识自己的状况和发展趋势，明确自己是前进还是后退或停滞。

4. 评价功能

评价功能是上述 3 种功能的深化和发展。只有对上述 3 种功能的结果做出评价，即对它们的客观状况做出评价，对它们的前因后果做出解释，对它们的利弊得失做出判断，才算是对现象做出了说明。

5. 预测功能

预测功能是指在评价功能的基础上，对农业产业未来的发展趋势的预先测算。可以为农业企业的未来发展进行预测。

6. 计划功能

计划功能是预测功能的延伸。计划是根据预测结果对实际工作所做的安排或采取的对策。计划有两个方面，一方面是促进发展，另一方面是规避或克服问题。

二、农业产业化发展规划指标体系

农业产业化发展规划指标不是孤立存在的，它总是作为一个体系建立起来并发挥作用的。

（一）农业产业化发展规划指标体系的概念

农业产业化发展规划指标体系，是根据一定的目的、一定的理论设计出来的综合反映农业产业化发展的具有科学性、代表性和系统性的一组农业产业化发展规划指标。

（二）农业产业化发展规划指标体系的主要特点

1. 目的性

任何规划指标体系的设计，都是有一定目的的，为一定地区的农业发展需要服务的。没有明确的目的，就无法设计农业产业化发展规划指标体系。

2. 理论性

任何农业产业化发展规划指标体系的设计，都应以一定理论作指导。不同的理论指导，设计出来的规划指标就会有很大的差异。例如，以计划经济理论为指导，就会产生速度型经济发展战略，则要以产品质量和产值为指标体系。相反，如果以市场经济理论为指导，就会产生效益型经济发展战略，则要以经济效益、社会效益和生态效益为指标体系。这说明，在设计农业产业化发展规划指标体系时，理论指导要科学、自觉、明确。

3. 科学性

农业产业化发展规划指标体系的设计，应符合客观实际、符合已被实践证明了的科学理论。

4. 代表性

农业产业化发展规划指标体系的设计，应选择那些对反映调查对象情况最具代表性的重要指标组成指标体系。

5. 系统性

农业产业化发展规划指标体系的设计，应使选用的所有指标形成一个具有层次性和内在联系的指标系统。

(三) 农业产业化发展规划指标体系的评价

在农业产业化发展规划指标体系中，由于各指标反映的具体内容不同，计量单位的各异，因此，其结果不能简单地直接相加，而只能进行综合评价。综合评价的方法很多，有综合指数法、标准化评分法、因素分析法、无量纲法、综合评分法等。

第三节　农业产业化发展规划的流程

一、确立农业产业化发展规划的思路

农业发展规划是针对某一地区在未来若干年内农业发展目标和方向提出的战略计划，而农业产业化发展规划不仅包括农业发展规划的内容，而且还有为实现发展规划而采取的具体实施方案，包括需要组织的农业生产基地或农业项目的类型、数目、分布和项目产品结构、数量及实施步骤等。农业产业化发

展规划合理调整农业产业结构，充分利用当地的资源，切实做到增加农民收入。

二、市场调查方案设计

市场在农业产业化发展中有着非常重要的地位。各地区应调查农产品市场的需求和供给的情况，以及消费者的偏好。在搜集数据的基础上，进行全方位的分析。确定几种可行的市场方案，从中选出与本地区联系最紧密、最能利用地区资源的市场作为进入的市场。同时，要充分考虑该市场的进入风险，争取将风险降到最低。

三、因地制宜，确定主导产业

在选好与本地区能较好结合的市场后，应确定自己的主导产业。主导产业的选择应符合以下标准。

（一）与地区资源结合紧密，体现地区特色

各个地区都有特色的或优势的资源，农业产业化发展规划就是要开发利用这些资源，充分发挥地区优势。

（二）主导产业的选择要充分考虑市场因素

在市场经济条件下，生产就是为了满足市场的需要。当代农业落后的主要原因除了科技方面的欠缺外，就是较少考虑市场的需求。因此，在确定地区的主导产业时，要结合农产品市场的需求状况，使生产的产品有销路。

（三）主导产业的选择不能牺牲粮食产业的发展

在我国，粮食产业的发展关系国家稳定，不能为了眼前的个人利益牺牲国家的长远利益。农业产业化的发展是为了促进农民收入的增加，是为了充分利用农村丰富的剩余劳动力，它是在粮食生产稳定的前提下，促进农业产业的发展。

四、组织规划生产基地

在确立主导产业后，就应组织好生产基地建设。在组织生产基地建设时，首先，进行土地利用总体规划，合理有效地利用土地，使基地更好地与农业企业联系起来。其次，基地的选择要考虑环境因素。生产基地必须远离有工业、生活污染的地区。这样才能保证农产品原料的健康、环保，为做强、做大龙头企业提供产品方面的保证。

五、规划应针对资源特色和优势选择培育龙头企业

培育和建设龙头企业应按照以下步骤进行。

（一）以乡镇企业为依托，建立龙头企业

乡镇企业是农民根据自己的优势和农村经济发展的需要而做出的继家庭联产承包责任制之后的又一伟大创造。乡镇企业要在农业产业化中成为龙头企业，必须注意以下几个方面。

1. 必须重视企业改革，完善经营机制

改革是乡镇企业发展的动力。从实际出发，对规模大、效益好的乡镇企业，引导组建集团企业或规模化的股份有限公司；对微利、亏损企业进行重组。通过改革，使乡镇企业成为真正的市场主体。

2. 重视结构调整，选准经营项目

发展优势产业和产品，尤其是以农产品为原料的加工企业，走产业化道路，延长农业产业链，发展成为龙头与农户结成利益共同体，走向市场。

3. 重视规模效益，扩大经营规模

乡镇企业的发展需要进一步扩大经营规模，实行以大带小、以小促大，大中小并举，引导一批企业向大规模、高科技方向发展，取得规模效益。

(二) 以开发新产品为目标，发展龙头企业

随着人们消费观念的转变，名特优新产品越来越受到广大消费者的喜爱。龙头企业要实现企业的预期目标，必须生产各种名特优新产品。

(三) 以创立"名牌"为策略，壮大龙头企业

名牌是企业与市场之间的通行证，农业创名牌是农业产业化和农业集约化经营的有效途径。龙头企业要创立名牌产品，首先必须严把质量关，其次，要做好"名牌"产品的促销。同时，各级政府的相关部门应做好配合工作。

六、选择农业产业化的发展模式

规划应根据各地区的资源特点和差异，从突出优势出发，设计发展模式。

(一) 龙头企业带动型

龙头企业带动型是指以公司或集团企业为主导，以农产品加工、运输企业为"龙头"，重点围绕一种或几种农产品的生产与销售，与生产基地和农户联合，进行一体化经营，形成"风险共担、利益共享"的经济共同体。

(二) 合作经济组织带动型

专业合作社，通过举办各类农产品生产、加工、服务、运输企业，组织农民进入市场。

(三) 中介组织带动型

以中介组织为依托，在某一产品全过程的各个环节上，实行跨区域联合经营，逐步形成市场竞争力强，经营规模大，生产、加工、销售相连接的行业企业集团。目前，这种类型的中介组织主要是行业协会。

（四）主导产业带动型

在农业产业化的实践中，一些地方从利用当地的资源、发展特色产业和产品入手，形成区域性主导产业和拳头产品。主导产业带动具有很大的连带效应，通过振兴某一主导产业可以带动区域经济发展。

（五）专业市场带动型

是以专业市场或专业交易中心为依托，拓展商品流通渠道，带动区域专业化生产，实行产加销一体化经营，扩大生产规模，形成优势，节省交易成本，提高运销效率和经济效益。

七、市场体系规划

由于农村市场体系的不完善和不规范，完善农村市场体系成为一个急需解决的问题。所以，在规划中应做好以下工作：一是完善流通体系，为农业产业化扫除流通障碍。二是培育农村市场，为农业产业化创造市场环境。三是加强农业信息体系建设，为农业产业化提供信息服务。四是发挥政府宏观调控职能，为农业产业化做好服务工作。

八、社会服务体系规划

社会服务体系规划重点要强化政府和全民的服务意识，强调完善农业产业化的信息、科技、物资、筹（融）资、运销和良种繁殖等服务体系，为实现农业产业化营造良好的发展环境和条件。规划中还应注重建立执行、监督和反馈系统，切实抓好农业产业化规划的实施，确保规划目标和任务的全面实现。

第三章 农业产业化主导产业、配套服务

第一节 专业化生产基地

生产基地是农业产业化经营的重要环节，是龙头企业和农户联结的纽带。搞好基地建设，对于农业产业化发展有着重要的基础支撑作用。

一、专业化生产基地的内涵

生产基地是指围绕龙头企业或市场建立的、联结众多农户形成的以主导产业专业生产区域和生产组织形式。它有以下几层基本含义。

（一）生产基地是区域化布局的具体表现形态

农业产业化实现的基本条件是农业生产在区域化布局基础上的专业化生产。区域化布局是指农业生产在地区之间的专业分工，即把一定的农业生产部门固定在一定的区域。各地区根据其自然条件和社会经济条件优势，形成了各具特色的区域主导产业和主导产品，从而构建了农业生产的区域化布局。例如，美国分为牛奶带、玉米—肉类带、棉花带、肉鸡带、水果蔬菜带、小麦带、高粱—肉类带、养牛带等十大农业生产带。区域化布局纳入农业产业化进程，就形成了专业化的生产基地。在专业分工内容上，生产基地比生产区域要更细化，特色更突出。

（二）生产基地是主导产业实行专业生产的表现形态

主导产业是农业产业化的基础。主导产业是形成于地方资源优势基础上的农业生产专业分工的结果。在地域上，它的表现形态就是农业生产区域化布局；在农业产业化经营中，其表现就是相对集中的生产基地。而每个基地生产的产品更为专一，特色更为突出。

（三）生产基地是扩大农户规模经营的一种经营形式

没有批量的商品农产品产出，就不能称其为产业化。发达国家通常是通过扩大农场规模来扩大农产品的商品批量。我国由于农民多、耕地少，农户个体经营规模不可能过大，而且在近期内规模经营也不可能占据主导地位。在这种情况下，如何使商品农产品批量？那就是建设生产基地。因为生产基地是以环境和资源条件的趋同性、生产特点和发展方向的一致性、开发方法和生产手段的类似性为依据组建的。实质上是同一种专业生产的集合，可以在家庭经营的基础上，在一定区域内形成商品批量。实际中的专业村、专业乡，都是这样的集合。将这些集合纳入农业产业化进程，就是生产基地。

（四）生产基地是联结农户的一种组织形式

生产基地不是一定区域内众多农户的简单相加，而是以一定的组织形式将众多农户联结成一个共同利益的有机体。在农业产业化内部，一方面，分散的小农户直接面对集中的大龙头，在谈判中总是处于不利地位，迫切需要提高组织化程度；另一方面，集中的大龙头直接面对分散的小农户，难以调控，组织成本高，也迫切需要有一个中介组织来联系农民。生产基地就是这样一种能满足大龙头和小农户两方面需要的组织形式。平常把农业产业化描述为"龙头带基地、基地联农户"，说明基地不是空的，不是一盘散沙，而是表现为一定的生产组织形式。

二、基地建设应坚持的主要原则

（一）适地布局原则

生产基地是区域化布局的具体化，所以，必须遵循地区分工的要求，把生产基地布局在最佳区域内，做到优势突出、经济合理、技术可行、生态平衡、可持续发展。其具体含义：一是每个地区选择比较有利的农产品生产，放弃比较不利的农产品生产，或者说把一种农产品生产放在适宜的地区，舍弃那些不太适宜的地区，这样的分工是有利的。二是通过农业基础设施建设和科技进步，缩小地区之间的自然差异，从而扩大作物生产的适宜范围。如在蔬菜生产上随着设施农业的兴起，南菜北种已经成为一种比较普遍的现象。三是每个地区都选择生产成本比较低的农产品生产，放弃生产成本比较高的农产品生产，这在经济上是合理的。随着国内外大市场的形成和运输业的发展，从经济角度，农产品适宜生产的范围在扩大。如山东寿光地区，已成为北京市比较稳定的蔬菜供应基地。

（二）技术先行原则

一个地区对于某种农产品生产，即使自然条件适宜、经济条件具备，如果不掌握可靠的技术，基地仍然搞不起来。因此，技术先行也是基地建设必须坚持的原则之一。美国东南部地区是历史上有名的棉花集中产区，但第二次世界大战后，密西西比河流域的三角洲、南部平原以及西南部的得克萨斯州和加利福尼亚州，已取代东南部成为美国的棉花主要产区，东南部则弃棉改牧，成为美国牛、羊和家禽的重要产地之一。产生这一变化主要是因为西南部各州战后坚持了技术先行，从棉种改良、机械改造等方面解决了一系列技术问题，使棉花种植既提高了产量，又降低了成本，成为美国增强棉花在国际市场上的竞争力的主要生产基地。

（三）可持续发展原则

生态平衡要求生物多样化，基地建设要求生产专业化，这是一对矛盾。处理不好，虽然能取得一时之利，但破坏了资源、环境和生态平衡，贻害无穷。因此，基地建设布局必须考虑生态系统的结构和功能、演变和平衡、改造和调控，利用其规律性因势利导、避害兴利，做到可持续发展。

（四）集中化生产原则

只有达到一定的商品批量，才能称其为生产基地，才能有效地开展农业产业化经营，生产基地建设必须坚持集中化原则，也就是把有限的人力、物力、财力集中于一定地区、一定产业和一定产品，形成商品批量。

1. 生产专业化

根据经济利益原理，一个地区选择一两种生产成本较低、经济优势较大的农产品作为主导产品，集中生产。

2. 坚持规模开发

专业化生产，只有在生产规模适宜的条件下，才能做到投资少，收益大，经济合算。所以基地建设必须坚持规模开发。即基地本身要有一定的规模，基地内部实行连片开发。这样做有利于组织生产和集中交易，有利于采用先进技术装备，有利于基地管理，最终有利于提高生产效率和实施产业化经营。

3. 坚持集约化经营

农业产业化过程实质上也是转变农业增长方式、实现农业现代化的过程，集约化经营是其应有之义。因此，基地建设必须坚持集约化经营。所谓集约化经营就是通过采用先进的农业技术措施和技术装备，在一定面积的土地上投入较多生产资料和劳动，并改善经营管理方法，以提高单位面积产量的农业经

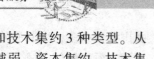

营方式。它包括劳动集约、资本集约和技术集约 3 种类型。从发展趋势上讲，劳动集约的作用不断减弱，资本集约、技术集约的作用日益增强。

（五）产业化生产基地的管理原则

生产基地不是孤立的，而是与龙头企业、农户有比较稳固的、长期的、紧密的经济联系，所以，在组织管理方式上必须置于整个农业产业化体系中进行管理。

1. 龙头导向

生产基地必须围绕龙头企业来建设，必须按龙头企业提出的技术规程和所需的品种、规格、数量、质量进行标准化生产，必须按合同把产品交售给龙头企业，即产品销售具有排他性。这是农业产业化、产加销一条龙得以顺利实现的基本要求。

2. 组织创新

基地建设不等于连片的专业化生产，它必须通过组织创新，提高农民专业生产的组织化程度。也就是说，基地需要有一个组织载体，把分散的家庭经营按产业化生产经营的要求重新组织。而在组织农民的过程中，严格坚持农民自愿的原则，维护农民进出自由和进与不进的自主权；同时，对农户通过利益吸引、教育引导和示范带动，做好组织工作。

第二节　主导产业

一、农村产业构成及其相互关系

根据农村产业性质和各产业之间的关系，农村产业可划分为基础产业、主导产业、关联产业和辅助产业四大类。

（一）基础产业

基础产业是指粮食生产，它是农业和国民经济的基础。从我国人口众多，尤其是农业人口比重大、耕地面积相对狭小的国情来看，任何区域、任何阶段都应把粮食生产放在首位。

（二）主导产业

主导产业是经济发展过程中具有创新能力和发展潜力的产业，即在一个地区、一定时期内产业体系中技术先进、生产规模大、商品率高、经济效益显著，能够较大幅度地增加农民收入和地方财政收入，并在产业结构中占有较大比重，对其他产业和整个经济发展具有强烈推动作用的产业。以这些产业的发展为契机，对其他产业和部门产生变革性影响，从而使整个经济取得突破，获得长足发展。它的引导和带动作用就称为主导作用。主导产业是一个动态的概念，一些主导产业的兴起带动一个区域经济的提高，在完成主导产业的使命以后，又会有新的产业取得新的主导地位，使经济进入新的上升阶段。主导产业的根本标志是创新能力。

（三）关联产业

关联产业主要是指为适应主导产业建设的需要，由主导产业带动并为主导产业建设服务的产前、产后产业。

（四）辅助产业

辅助产业主要是指一定时期内难以形成主导产业，也不包括在基础产业中，它是主导产业的需要和补充。

4种产业相互作用，共同构成农村产业的大系统。主导产业是整个农业产业构成中的核心部分，它与基础产业、关联产业构成一个联动的整体。从动态角度看，基础产业的基础地位不可动摇，关联产业可视为主导产业的一部分，而辅助产业则是主导产业的后备项目。

二、主导产业在农业产业化经营中的作用

在农业产业化经营中，主导产业起着上连市场、下连农户、

建立中介组织、培植生产基地的作用，是农业产业化的载体。它的基本作用如下。

（一）主导性作用

从农村产业构成及其相互联系可见，主导产业最显著的特点就是它有很强的关联效应。主导产业上连市场，下接农户，把生产基地和中介组织紧密地结合起来，将农产品生产者、加工者与销售者紧密地结合成一个"风险共担、利益共享"的共同体，并带动基础产业、辅助产业和关联产业的发展，逐步形成种养加、产供销、技工贸有机结合的产业群体，促进农业生产向专业化方向发展。在劳动力资源丰富的条件下，有利于采用双重结构战略，即一方面集中有限的资金，支持能带动整个经济发展的主导部门的技术进步和优先发展；另一方面刺激某些可以容纳较多劳动力的部门，用劳动密集型方法充分发展。两者结合可以实现生产力的跳跃发展，重点突破，带动全局。

（二）区域性作用

主导产业的区域性作用主要体现在把各地资源比较优势与市场要求结合起来确立主导产业，在社会分工中表现出区域性。首先，加快资源要素组合的步伐，并诱导不同产业向优势区域集中，形成各具特色的产业布局，便于发展区域化、专业化和社会化生产，也有利于政府进行统筹规划，实行区域化布局和指导；其次，主导产业与带动千家万户的区域经济结合起来，使资源优势得以充分发挥，有利于提高农业产值和农民收入，带动农民走上共同富裕的道路。

（三）开放性作用

开放性作用主要表现在主导产业的运行机制是开放的而不是封闭的。由封闭的发展机制转向开放的发展机制，一是能够促进要素的合理流动，推动城乡产业化进程。由于农业和农村的吸引力增强，城市先进的科学技术、科技人才、资金、设备等会向农村流动，从而提高农民的劳动生产率，促进城乡融合。二是由单一接受外来辐射的发展向既接受辐射又对流发展，由单纯利用本地资源、国内资源向善于利用国内、国际资源发展，开放式的机制会产生激活效应、乘数效应和升级效应。

三、确立主导产业的原则

（一）需求导向原则

社会需求是推动产业发展的最大最直接的动力，社会需求结构变化则是产业结构变化的原动力。在市场经济条件下，一种产业能不能迅速形成并发展壮大，关键在于其产品的市场前景和市场占有的能力。因此，国内外的市场需求是确立主导产业和农业产业化经营项目的重要前提和最高准则。按照日本经济学家筱原三代平提出的"收入弹性基准"和"生产率上升基准"说，应当选择收入弹性较大、有巨大社会需求的产业作为主导产业。所谓收入弹性或者叫社会需求的收入弹性，是指在价格不变的前提下，某产业产品需求的增加率与人均收入的增加率的比值。一般需求收入弹性大的产业部门，市场扩张能力较强。如果收入弹性系数大于1，表明该产业的需求增长率高于国民收入的增长速度；如果小于1，则相反。收入弹性大的产业为其发展能带来更大的社会需求，这类产业就能获得更大的发展动力，这是一个良性循环的过程。因此，必须按照市场经济的要求，对国内外市场需求进行科学的分析、研究和预测，按照市场需求结构变动趋势，调整产业结构，选择和确立农业产业化项目，开发优势产品，防止盲目选择和决策失误造成经济损失。

（二）比较优势原则

发挥比较优势，是发展区域经济必须遵循的一条重要原则，也是选择和确立农业产业化经营项目必须遵循的重要原则之一。比较优势不仅包括气候、地理位置、土地等自然优势，资本和劳动力等资源优势，还包括人才、技术、经济基础、社会关系等全要素生产优势。所谓资源优势，还有已经形成的优势、潜在的优势和可以创造的优势。已经形成的优势易于被认识和把握，而潜在优势则不容易被认识和把握，发挥主观能动性创造新的优势则难度更大。

要准确地把握和利用比较优势，有3条判断标准：一是资源开发具有市场前景；二是资源具有规模开发优势；三是具有开发这种资源所必需的生产要素的聚集手段。3条标准缺一不可。没有市场前景，再好的优势也无法形成产业；具有市场前景而没有规模开发价值也难以形成产业；既有市场前景，也有规模开发的优势，而缺乏开发这种产业所必需的手段，这种产业也无法发展起来。在3条标准俱备的情况下，任何一种资源优势，只要把握准确，充分发挥，加大开发力度，都可以发展成一项大规模的产业。

(三) 产业关联度最大原则

所谓产业关联，是指在社会生产中不同部门、不同行业之间的相互联系。产业关联度，则是不同产业之间相互联系、相互依存、相互促进的程度。关联效应分两种形式：后向联系和前向联系。前者是主导产业发展引起为这一产业提供投入的产业发展，后者指主导产业的发展会刺激那些以该产业或部门的产品作为投入的产业的发展。这种联系还要包括产业链的末端消费。消费需求往往被认为是在消费者方面自发地产生，然后由它影响生产。实际上一般是生产者发动经济的变化，而消费者只是在必要时受到生产者启发，被引导去需要新的东西，甚至是一些他所不习惯使用的东西。说明关联效应是双向传递的，而且它可能成为突破经济低水平循环的途径。除了产业间垂直的前后向联系外，主导产业还包括旁侧效应：主导产业前后效应传递到某个环节，当其他与主导产业没有直接联系的产业的前后向链接与该环节有交叉时，主导产业就会通过该环节影响到与之平行的产业部门，实现旁侧效应。还有一种更直接的方式，就是通过主导产业的示范作用吸引其他部门资本转移，或是通过劳力、资本等生产要素的竞争，影响其他部门。应该说，生产中各个部门都有前后向联系和旁侧效应，主导产业的选择应该以关联效应最强的产业为准。衡量产业的关联效应，还要排除产业规模差别的干扰，而且要以各产业相同的发展阶段来比较，对于新兴的产业，还要对其未来发展、成熟阶段的关联效应进行估计。如玉米产业，与其前后相关联的产业包括：农用生产资料的生产、供应，玉米的系列加工，产品包装、储藏、运输、销售等。与其旁侧关联较为密切的产业和部门，至少包括各种服务业、农业科技、农用机械制造业、玉米加工机械制造业、包装材料制造业、储藏设备制造业、运输机械制造业等。

总之，产业关联度越大，对整个国民经济发展的影响就大，所做出的贡献自然也大。反之，产业关联度越小，对国民经济发展的影响力就小，促进作用和贡献自然就小。因此，在选择和确立主导产业与农业产业化经营项目时，应首先选择那些前后向联系深远、旁侧联系广泛、向其他产业和部门扩张能力强、对区域农业和农村经济乃至整个国民经济发展贡献大的项目。

（四）国家产业政策导向原则

国家的产业政策是国家根据国民经济发展的要求，调整产业组织形式和产业结构，以及宏观上的总体布局，从而提高供给总量的增长速度，并使供给结构能够适应需求结构所制定的政策措施和手段的总和。国家产业政策对社会经济发展的作用具有二重性。合理的政策，可以使农业产业化项目本身和相关产业协调发展，节省物耗、能耗，提高总体功能和总体经济效

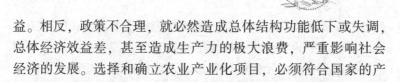

益。相反，政策不合理，就必然造成总体结构功能低下或失调，总体经济效益差，甚至造成生产力的极大浪费，严重影响社会经济的发展。选择和确立农业产业化项目，必须符合国家的产业政策，必须是国家产业政策所支持、鼓励发展的产业。

此外，主导产业还要求有较高的科技含量，才能保持其先进性。科技是行业竞争的核心部分，只有当行业拥有较高的技术，才会生产出高附加值的产品，获得较高的利润，并且产品也不会轻易被仿制，行业的生存期会更长。

主导产业还要担当解决就业，为职工提供更多的工资，提高人民生活水平的重任。所以，社会性作用也是考察主导产业的一个方面。

具体选择和培育主导产业有两条基本思路：一是进一步巩固提高传统产业，通过推广新品种、新技术，提高产品的科技含量，扩大生产规模，延长产业链，形成产业系列；二是按当地产品中有资源基础、市场潜力大、科技含量高等条件，筛选一批优势产品，重点培育，加快发展，逐步形成区域主导产业。实践证明，以特制胜是农业产业化发展的捷径。

第三节　农业社会化服务体系

所谓农业社会化服务，主要是指国家各级有关部门，农村合作经济组织和社会上的服务机构为满足农业和农村生产、生活需要而提供的各种服务。由健全的社会化服务体系，提供完善和高效的社会化服务，是农业产业化的必然要求。

一、农业社会化服务体系的分类

在我国的社会经济生活中，有一批长期服务于生产第一线的科研、技术推广、教学等部门，这些单位在组织生产、科技推广和信息传播等方面发挥了积极的作用，是发展农业产业化经营的一支重要的中坚力量。随着社会经济的发展，服务于农村经济生活中的各种职能机构不断地分工与演进，出现了不同的所有制类型的多元化格局和形成了网络配套、功能齐全的局面。按所有制分类，农业社会化服务体系主要包括以下几大部分。

（一）国家经济技术机构

国家经济技术机构包括农业农村部门技术服务组织、水利部门技术服务组织、林业部门技术服务组织、科研单位和大专院校所属的服务组织等。这一部分是政府各级职能部门创办的，用于提供科研、技术推广、购销服务、农产品及农用生产资料等信息服务。

（二）龙头企业兴办的各种农业社会化服务机构

各种龙头企业利用自身资金、技术和信息方面的优势，兴建社会化服务机构，通过龙头企业+农户的方式，向农户提供生产资料、资金供应、技术指导、信息咨询、产品销售及生产管理等产前、产中、产后产业化服务。

（三）各种专业性合作经济组织兴办的农业社会化服务机构

专业性合作经济组织利用其技术上、信息上的优势，发挥上联科研、教学单位，下联千家万户的特点，创办技术服务、信息咨询服务、购销服务等实体，有效地缩短了技术传播、信息流转周期。

（四）个人兴办的农业社会化服务机构

一部分专业大户、有一技之长的能人凭借技术和信息方面的优势，兴建社会化服务机构，创办服务实体，有效地弥补了国家、集体等服务力量的不足。

（五）入股、合作型的农业社会化服务机构

一部分政府部门之间、部门与企业之间、部门与个人之间通过合股、合作等方式兴建社会化服务机构，有利于聚合各主体之间的优势，是一种较新型的社会化服务组织。

二、农业社会化服务体系的作用

农业社会化服务体系的基本社会功能在于通过扩大社会交易规模，降低农业生产要素和农产品交换的交易成本，从而加深社会分工、提高农业劳动生产率，推动农业产业化。

（一）农业社会化服务体系的社会联系功能

随着农业社会化服务体系的发展，将使大量原来从事直接农业生产的劳动力游离出来，缓解人多地少的矛盾，转而从事对农业进行生产资料供应、资金信贷、技术推广、农产品收购、运输、储藏、加工、包装、销售等社会化服务，推动农业产业化进程。

（二）农业社会化服务体系的经济功能

服务体系的经济功能在于降低社会交易成本，实现要素优化配置，提高农业劳动生产率。农业社会化服务体系的产生和发展，将传统农业分工为农业生产和社会化服务两个产业，提高了二者的专业化程度。在现代农业中成长起来的社会化服务体系，在经济上联结了工业和农业，在地域上联结了城市产业和乡村产业，以相对较低的交易成本将农业生产者和广大购销市场联系起来，促进科技、资本、劳动力和自然资源等生产要素的优化配置，提高了资源利用率。

（三）农业社会化服务体系的市场功能

社会化服务体系的发展和完善为农业发现并创造了新的市场。第一，社会化服务体系向农户传导市场信息和走势，对农户生产适销对路的产品有很大帮助；第二，通过产后服务部门，可以提高农产品的附加值，为原始农产品创造了新的市场；第三，由于多数农业生产带有明显的季节性，特别是有些农产品具有易腐不便保存的特点，社会化服务体系在农业生产者和农产品消费者之间实际起到了一种农产品"蓄水池"的作用，保障了农产品流入市场的均匀性。

（四）农业社会化服务体系是要素和产品流通的重要载体

农业社会化服务体系不仅是一个社会生产部门和产业结构的重要组成部分，而且还是要素和产品空间上的联系纽带。经济发展要求商品生产能力和市场均衡扩张。完善社会化服务体系可以保证这种均衡扩张。

第四章 推进新型农业产业化
经营组织高效发展

第一节 农业产业集群

农业产业集群是基于空间条件的基础上，把人力、物资、信息以及知识都结合起来，进行纵向产业链条的资源优化配置，从而在有效降低经济成本的同时，提升地区综合竞争优势，对此，本节接下来将对农业产业集群的发展效益，以及促进农业产业集群的措施进行分析。

一、农业产业集群类型划分

通过对相关文献的查阅，可以大体将我国农业产业集群划分为 5 种类型。

(一) 农业科技示范园

该类型的产业集群形成是依托地区的经济力量和农业科技力量，其中农业科技企业作为集群内的主体，运用农业先进实用技术，并建立起具有多种功能和综合效益的现代农业示范基地。

(二) 市场依托型

市场依托型的产业集群主要是指区域内的产业集群以市场为导向，并利用当地的特色产业，实现集群内部企业的纵向分工和横向协作。而且集群内部的企业保持各自的独立性，在平等互利的基础上进行经济活动。

（三）专业化小城镇模式

这种集群以利用区域的农业资源禀赋条件，发挥当地优势条件并在已有的农村或乡镇工业基础上形成了专业化的小城镇。例如，有"中国蔬菜之乡"之称的山东寿光就已成为世界闻名的蔬菜生产基地。

（四）外来资金带动型

从字面上就可以看出，这种集群的发展主要依赖于外来投资，即利用当地资源吸引外商来投资，在此基础上吸引相关的配套设施或是互补产业，从而客观上形成企业的集聚，产生集群效应。

（五）主导企业型

主导企业就是在区域经济发展中具有很强的产业关联性，它的优势体现在产品设计、工艺开发、市场营销等方面，由此便在主导企业周边形成了一个比较完善的产业体系。

二、农业产业集群形成的条件

（一）自然条件禀赋差异

农业的发展依赖于当地的自然资源，因此当地这种独特的自然资源便成为农业产业集群的形成基础。自然条件和当地资源等因素是推动农业可持续发展的重要支撑，构成了农业产业集群形成发展的必要条件。农产品的多样性以及独特品质的形成是由于区域之间的地质、气候、水文等内在的自然条件差异性造成的。

（二）规模经济优势是集群形成的必然要求

外部规模经济指当整个产业的产量扩大时，各个企业的平均成本下降，与企业规模无关。区域内同一产业内相关企业的

集中，可以共享专业化的劳动力市场、公共基础设施，同时可以实现企业之间的技术交流，加快集群内部的技术革新等，形成深化专业化分等，从而降低企业相关的经营成本，获得这种规模经济效应。

（三）产业之间的合作需求

农业作为国民经济发展基础，与各行业有着千丝万缕的联系。当前，我国的农业生产资料基本上由工业提供，而随着专业化分工的深入，农业各方面的投入都离不开工业、服务业的支持，由此产生了农业与关联产业之间合作的需求。产业间的合作使得企业可以利用共同的服务等资源，减少企业经济成本，同时便利了企业获得市场的农产品，从而形成了产业之间的集群。

三、完善农业产业集群的相关策略

（一）制定完善合理的农业产业集群发展规划

要想有效实现农业产业集群发展，制定完善的发展规划是重要的前提，在此过程中政府要充分发挥引导作用，通过科学引导，使各个农业相关的企业选择相适应的集群模式，使整个产业链条不断完善。在传统的模式下，农业产业集群生产经营发展规模较小且形式固定单一，而通过产业集群发展，能够使生产经营获得更多的升值空间。政府依据国家的政策和市场变化，有效结合本地区的资源，制定合理的产业规划发展，才能更好地构建符合当地特色的产业结构项目。

（二）加大农业产业集群区的基础设施建设

基础设施建设是保障农业产业集群发展的重要基础。只有完善的基础设施和配套的物流体系，才能使农产品进入市场进行交易，通过交易获得相应的经济效益。为此，政府要通过有效的引导，加强生产服务和通信等基础设施建设，完善物流服务体系，在建设的过程中可以吸引相关的企业，或者引入民间资本，通过这样的方式获得项目建设所需要的资金。同时，政府还要帮助农业生产向优势区域集中，这样才能更好地体现出经济优势。

（三）加大资本的引入，不断拓展农业市场

农业产业集群在发展的过程中，只有不断开拓市场，才能实现农业产业集群的永续发展。不仅如此，不断地开拓市场，才能为相关企业树立良好的品牌形象，树立良好的品牌形象又是吸引资本的重要手段。为此，要想更好地引进资本，需要发展当地的特色农业，利用特色农业的优势提高农业的竞争力。在此过程中，政府还要加强宣传力度，使企业能够树立良好的社会形象，能够获得市场的认同。另外，政府还需要和企业进行有效的交流，为企业发展提供相应的平台，例如企业可以举办展览会等各种活动，邀请媒体进行宣传，增强宣传效果。这样的方式，不仅能够为产业的发展提供更为广阔的平台，更能够帮助企业树立信心，更好地开拓市场。

（四）不断强化技术创新应用，完善服务体系

积极应用新的技术和新的理念，是提高产品质量、获得较强市场竞争优势的主要途径。在此过程中，政府要不断完善相关政策，使企业在生产的过程中能够重视新技术对企业发展带来的优势。企业以新型的技术和理念，实现产业结构的调整，优化产业布局，进一步提升企业的竞争优势。对于农业生产来说，要不断运用新的技术，提高农业产量和质量，赋予农产品更高的价值，这样才能获得更大的经济效益。

第二节　农民专业合作社

农民专业合作社是在家庭承包经营基础上，农民自愿联合

的互助性经济组织。它作为解决我国农业生产中的小规模家庭经营与社会化大生产之间矛盾的一个有效途径，在提高农业生产力和农民收入、推广农业科学技术、发展现代农业等方面发挥着巨大作用。近年来，随着农业产业化步伐不断加快，农民专业合作社得到了快速发展。

一、农民专业合作社在现代农业发展中的重要作用

（一）农民专业合作社是提高农业组织化程度的重要载体

我国实行的家庭联产承包责任制极大地调动了农民家庭生产的积极性。但随着我国工业化、城镇化与市场化的进程不断加快，随着现代农业的发展需要，家庭联产承包责任制所带来的小农经济导致了农民经营分散，市场竞争力薄弱，卖农产品难，收入不稳，增收缓慢。因此，农业组织化的提高、农户统一经营制度的发展完善，是当前农村基本经营制度改革的关键点。

农民专业合作社是在农村家庭承包经营基础上，农产品的生产经营者或者农业生产经营服务的提供者、利用者，自愿联合、民主管理的互助性经济组织。农民专业合作社组织引领农民进行农业的规模生产和统一经营，在农业经营体制机制创新、提高农业生产和农民进入市场组织化程度中发挥了重要的载体作用。

（二）农民专业合作社是发展现代农业的重要载体

我国人多地少，耕地资源紧张，走合作生产经营的道路是发展农业最有效的办法。农民专业合作社将小农经济中零散分布的农户由一家一户的单打独斗凝结为合作化大生产，采取专业化、标准化、市场化与科技化生产。农民专业合作社在产前、产中、产后实行的"农企对接""农科对接""农超对接"等，符合现代市场经济发展要求，是新的生产经营方式，极大提高

了农业的劳动生产率，增强了农民抵御经营风险的能力。这些必将促进农业的产业化、规模化与集约化发展，有利于农业科技投入。因此，农民专业合作社是传统农业向现代农业跨越的重要阶梯，是转变农业发展方式、发展现代农业过程中不可或缺的力量。

(三) 农民专业合作社是农民共同致富的重要载体

农民专业合作社实行市场化运作，带领农户不断扩大生产经营规模，吸纳更多的农村劳动力，有利于促进农村富余劳动力特别是青壮年以外的劳动力就业，进而增加农民收入。在不改变农户承包经营基础情况下，采用先进的技术与装备，推广种植养殖的区域化、良种化和种（饲）养技术的规范化，在保证了农民拥有农产品种养环节利润的同时，能够进一步分享农产品加工与流通环节的增值利润，使得农民收入能够实现较快的增长。

二、促进我国农民专业合作社的可持续发展

(一) 尊重广大农民的首创精神

改革开放以来，我国广大农民群众在实践的基础上进行了伟大创新，家庭联产承包责任制、乡镇企业、农村股份合作制、农民村民委员会、村民自治、"宅田合一"、农村土地流转、农民专业合作社、农村集体林权制度改革、农业产业化经营等，都是我国农民的伟大创造。这些伟大创造，都是我们党和政府尊重农民首创精神的结果。我们要在实践的基础上继续鼓励和支持农民的首创精神，鼓励农民在实践的基础上对农民专业合作社进行发展创新，继续鼓励和支持广大农民群众在实践的基础上进行新的伟大创造。

(二) 加强对农民进行科学理论的指导

在我国，由于教育发展水平等历史因素影响，我国农民专

业合作社的管理人员的科学文化水平普遍比较低，文盲半文盲仍然较多，真正有文化、懂技术、会经营、懂管理的人员非常少。政府应采取积极措施，加强对农民专业合作社管理人员的科学理论的指导。例如，可以定期聘请相关农业专家等农民专业合作社辅导员对农民专业合作社管理人员进行培训，提高他们的科学知识水平。

（三）积极培育社会主义新型农民

培育社会主义新型农民，可采取以下措施：适度扩大涉农专业大学生的招生数量并提高培养质量，加强大学生农业实习基地建设，继续推广送科技下乡，鼓励农民接受继续教育，加大对农民的科技培训，实行涉农专业人士农业行业准入考证制度，通过各种渠道提高农村经纪人的科学文化水平，鼓励高校涉农专业优秀大学生积极指导农民进行农业生产等。

（四）坚持完善农村基本经营制度

实践证明，家庭经营仍然是我国及世界其他国家农业经营的基本形式。家庭联产承包责任制，是适合我国社会主义市场经济发展需要的农村基本经营制度。农民专业合作社建立在这一制度的基础之上，发展农民专业合作社需要我们在实践的基础上不断发展完善家庭联产承包责任制。

（五）坚持农业适度规模经营

农业适度规模经营是在一定的社会条件下，通过改变技术、土地、种植结构，加强对农业的资金政策支持，适度扩大农业的种植规模，从而形成完整的农业生产模式，进而提高农业生产效率，促进农村经济的发展。在我国，农业土地除具有生产保障功能、经济收入功能外，还具有保障就业等功能。这就要求我国农业生产经营方面要实行农业适度规模经营，以促进我国农业经济可持续发展、农民收入持续增加以及农村劳动力的保障性就业。

（六）加强国家的引导、支持、帮助和监管

当前，我国很多地方的农民专业合作社，还存在着运营水平不高，发展水平低下，经营管理不规范、不科学，甚至非法集资、违法经营、骗取国家补贴等现象。要采取多种措施，引导其规范化建设、科学化发展。应在政策、资金、税收、金融等方面加大扶持力度，促进其与农产品市场、超市、农业企业等更好地对接与合作。同时，鼓励支持其他社会机构，如农业科技推广组织、农村信用合作社、供销合作社等，加大支持力度。此外，还要不断完善各种配套设施，建立健全相关法律法规，加大工商监管、审计监管等行政监管力度。

（七）合作社要建立现代化的可持续发展的经营管理机制

我国很多地方的农民专业合作社，目前普遍存在着管理人员科学文化素质低、经营管理水平差、运营水平不高、资金短缺、规模小、参与农业产业化水平低、在农业产业链上的影响较小、相互连接度不高、经营管理不规范不科学等问题。农民专业合作社要可持续发展，就需要建立完善的经营管理机构，例如成员大会、理事会、监事会等。还需要建立公开透明且内外部监督良好的财务会计制度，建立完善的内部监督机制，采取各种措施不断提高其管理人员的科学文化水平和经营管理能力。此外，农民专业合作社要坚持因地制宜、诚信经营、依法经营、提高与农民的连接度、实施农产品品牌化发展战略、扩大为农服务的范围，不断提高服务水平和服务质量，不断推进我国农业现代化发展。

第三节　农业特色小镇

农业特色小镇是一种小镇发展模式，把当代农业、特色田园生活以及旅游体验结合在一起，在充分利用农村各种资源的前提下，加大对城市元素的使用力度，从而打造具有城市气息的小镇。在尊重小镇特色的基础上，充分挖掘小镇景观价值，并且在市场经济背景下，形成一定意义上的价值和商业运营模式，以形成产业，带动当地经济的发展，从而改变农村小镇落后的面貌。

一、农业型特色小镇形态特征

农业型特色小镇属于特色小镇中的一种类型，既具有特色小镇共性的形态特征，也具有农业主题的鲜明特色，识别农业型特色小镇的形态特征是打造建设的逻辑起点。

（一）彰显特色的现代农业

特色小镇的灵魂就是特色产业，特色的彰显关键靠产业支撑。农业型特色小镇就是立足农业主题，发挥各地的资源禀赋、比较优势、独特魅力，运用现代产业理念打造大农业的产业形态。农业包括农林牧副渔各行业，各区域围绕各自的发展基础和独特条件，遴选差异化的种植业、养殖业、渔业主题，以此按照全产业链式的上中下游布局，提高附加值。例如，一些农业型特色小镇按照供给侧结构性改革的部署要求，提高供给质量和效率，以种植珍稀品种的特色花卉、中草药材、高端农产品或发展生态养殖、有机养殖，满足市场升级后的高端、小众需求。这些小镇的农业形态均呈现出借助现代技术手段、提高农业的科技含量与附加值，涵盖了农业产业链条上中下游的诸多环节，将一二三产业深度融合、多元化产业业态发展。

（二）融入文化元素

经济新常态下，文化消费成为新的经济增长点，文化消费的趋势也渗透到特色小镇的发展过程中。文化创意元素融入现代农业既是世界先进农业的发展方向，也代表了农业型特色小镇的文化特征。农业型特色小镇越来越多地植入文化创意元素，如在水果蔬菜种植业中，依靠科技支撑和文化创意形象结合，开发不同形状的品种或者采用文化性包装，形成文化创意农业装饰品、农业工艺品，让消费者购买农产品的过程中也消费了文化，提高了个性化、艺术化的满足感。此外，新型城镇化唤醒人们对乡愁的回忆，而农业型特色小镇可以依托农耕文化厚重的历史文化资源，对传统农耕技术与生产工具、农耕风俗、格言谚语、乡村文学做体验式旅游开发和展示。

（三）兼具旅游功能

特色小镇除了特色产业支撑、融入文化元素外，一个放大特色小镇正向效应的重要功能就是兼具旅游功能。农业型特色小镇不仅有现代农业的产业形态和文化创意元素的融入渗透，还必须兼具旅游功能，体现特色小镇一二三产业融合发展、提高小镇居民收入、吸引外部生产要素集聚等多重功能。农业型特色小镇的旅游功能往往通过体验式采摘、观赏休闲、度假旅游、健康养身、商务旅游等形态展现，旅游功能的开发，会涉及旅游产业的"食、住、行、游、购、娱"六大要素，不仅会拉动特色小镇的农产品、土特产品消费，还会促进特色小镇不断改善基础设施、完善周边环境配套，让特色小镇步入良性循环的发展轨道。

（四）基础设施完备

一直以来，小城镇、农村与城市在基础设施上的差别很大，城市基础设施日益完善和现代化，村镇基础设施普遍滞后，而特色小镇不同于传统的小城镇和农村，它以空间形态小、基础设施好、产业特色明而成为区域经济的新亮点，特色小镇的基础设施与城市并无差别，水、电、气、暖、网等一应俱全。农业型特色小镇不仅要具备一般的市政设施，还需要有与现代生态农业相匹配的生产设施，如节水型灌溉设施、资源废弃物循环利用设施、现代农业科技研发与推广的工作条件。农业型特色小镇在完善基础设施和产业发展的同时，还要同步推进城镇化，配置商业、文化、教育、医疗等公共服务设施，顺应城市一体化的发展要求。

（五）环境和谐宜居

特色小镇作为新型城镇化的载体，发展产业的同时同步集聚人口，按照生产生活生态相协调的原则，促进经济社会协调发展。农业型特色小镇需要具备和谐宜居的美丽环境，即要求小镇的规划建设尊重自然、顺应自然，空间布局与周边自然环境相协调，整体格局和风貌具有地域典型特征和独特风貌，建筑彰显传统文化和地域特色，镇区环境优美，干净整洁，土地利用集约节约，小镇建设与产业发展同步协调。

二、农业特色小镇的设计原则

（一）城乡统筹，整体推进

顾名思义，城乡统筹就是为了让城乡发展共赢而进行的一种发展形式，主要表现在充分发挥城市对农村在某些方面的带动作用，促进城乡协调发展。重点解决农业、农村和农民之间的问题，提升对农业的扶持和保护力度。

（二）科学规划，因地制宜

科学规划就是要合理开发利用小镇土地，优化小镇空间结构和格局，改善小镇环境，建设适宜居住与游玩的村庄。因地制宜则是要求根据不同的村庄，采取不同的设计理念与设计方案，如蕴含独特历史文化的村庄应制定以历史文化保护为优先的村庄发展方案。坚持规划先行、因地制宜的原则，将农业特色小镇建设与农村经济社会发展、农村农业及休闲旅游业发展规划、农村特色文化产业规划等结合起来，全面推进农业特色小镇建设进程。

（三）以人为本，注重村民利益

农业特色小镇的创作者、建设者、使用者、更新者、延续者以及灵魂都是人。以人为本就是要把人放在第一位，重点考量人的需求，将人的内心最真切的感受作为权衡小镇建设优劣最重要的标准，如塑造宜人的小镇空间、创造彰显个性的小镇风貌、打造人情浓厚的小镇环境、场地设计兼顾人的感受等。村民利益是指在小镇建设过程中，不能只重视美观，而忽略小镇原本具有的功能，不能忽视菜地、果园、庄稼地等的规划，要把村庄的第一属性放在首位。在农业特色小镇建设过程中，要把农民的切身利益放在首位，广泛调动村民参与的积极性，整合社会力量，尊重农民的自身意愿，注重挖掘传统农耕、人居等丰富文化的生态理念。

（四）重视生态，保护环境

在农业特色小镇建设中，村民生产、生存和生活最重要的环境是生态环境，因此必须加大生态环境建设力度，坚持环境保护与环境建设同步，预防与防治相结合，彻底扭转小镇建设被破坏的局面。建设农业特色小镇，尊重生态是首要任务，不能只顾眼前不考虑长远，不能为了发展而不顾村民的利益，不能只看见经济效益而不顾自然生态环境的保护。

（五）保护文化传承，突出本土特色

农业特色小镇景观设计没有固定模式，无法统一操作，只能结合当地实际，因地制宜进行改造，形成独特的设计。民间传统文化资源是传统思想文化的重要载体，而小镇作为这一载体最重要的发源地与传承地，在建设过程中尤其要重视对民间传统文化的传承与保护。同时，农业特色小镇建设过程中，还要注重文化的传承和本土特色的体现，在充分考虑村庄的自然

条件、居民的需求以及文脉关系的前提下，将小镇的传统文化与造景模式相结合，找到既能美化小镇、适合村民居住、适宜游客游玩，又能展示传统文化的设计方式。

三、建设农业型特色小镇路径

在认识农业型特色小镇形态特征的基础上，明确建设路径是推进农业型特色小镇发展的关键。依据特色小镇的共性内涵与农业型特色小镇的特殊性，建设路径包括立足农业挖掘特色、延伸农业产业链实现一二三产业融合、发展文化创意农业、叠加旅游功能等。

（一）立足农业挖掘特色

特色小镇是否有品牌影响力和感召力，关键在于特色的定位和彰显，农业型特色小镇必须围绕"农"字做文章，细分市场、差异化定位、提炼主题，根植于地方独特魅力或新颖富有创意的开发主题，都能够让人耳目一新，不宜涵盖面太广而陷于空泛，应瞄准具体某一领域做足文章。当然，挖掘特色、发展特色产业必须立足各地区的资源禀赋和发展基础。如有些地区可根据当地土壤气候的独特优势发展特色种植业，根据市场需求发展生态农业的观光旅游业，凭借有机农业、有机餐饮打造有机生态农业小镇。也可根据历史传承发展农业文化展示和体验，为满足游客赏花的消费需求发展特色花卉、珍稀花卉的种植业等。

（二）延伸农业产业链实现一二三产业融合

农业型特色小镇的特色产业，若只有新颖的创意而产业素质和形态陷于低端，同样不会获得发展的高效益。必须运用新理念、新技术发展新型产业业态，采用"互联网+农业"、大数据、云计算、物联网等技术手段，改进农业生产过程中的监测统计、分析预警、病虫害防治、信息发布，发展农村电子商务，完善农产品向外配送和外部生产要素向农村集聚，从单一环节向全产业链延伸，从单纯养殖种植向上游的研发培育、下游的深加工、物流、品牌拓展。实现一二三产业融合，首先要让农业"接二"，即第一、第二产业的融合发展，发展农产品精深加工业，提高农产品附加值和农民收入，逐步培育品牌，扩大市场份额，形成自身竞争力；其次要让农业"连三"，即第一产业和第三产业的融合发展，不能把农业的功能仅局限在提供农产品上，要把农业的生态效益、社会效益等多种功能充分释放出来，通过农业生态旅游放大现代农业的多重效应。

（三）发展文化创意农业

文化创意是赋予特色产业和特色小镇创新的元素和源泉，农业型特色小镇也需要将文化创意嵌入农业生产、发展的全过程，作为现代农业发展的创新点和着力点，将科技创意、包装创意、栽培创意等手段转化为实物产品，如依靠科技手段种植盆栽果菜、异形果、晒字果；无土栽培蔬菜水果，供游客自己采摘；将农作物秸秆、禽蛋蛋壳、鱼骨等废弃物赋予文化创意加工成工艺品，用桃核、核桃壳、杏核等壳类做雕刻工艺品；在大片种植油菜花、茶花、向日葵、麦田的区域塑造不同类型图案景观；开发地域独特、富有文化品位的创意饮食等。

（四）叠加旅游功能

旅游小镇也是特色小镇的一种类型，旅游小镇的特色产业、支柱产业就是旅游，农业型特色小镇需要拓展农业的多种功能，当然包括农业的旅游功能，因此，打造农业型特色小镇需要叠加旅游功能，推进农业与旅游、健康养老、教育文化等产业的多重融合，提高农业型特色小镇的复合功能。立足农业型特色小镇的区位、产业、生态、文化等独特优势定位旅游主题，配套建设餐饮、住宿、交通、游览、购物、娱乐等各环节旅游设施, 旅游功能的发挥对吸引游客、延长农业产业链、农民增收链效应显著。特色小镇叠加旅游功能, 不同于以往的乡村游和农家乐, 需要借助现代化技术手段, 尤其是"互联网+"的运用提高管理水平和服务质量, 满足年轻游客的个性化需求, 提升旅游业态的层次, 发展小镇智慧旅游, 提高线上线下组织营销效率, 放大一些小镇的传统文化魅力, 适应市场需求升级后的高端消费, 开发民宿旅游。还可以依托田园乡村的文化基因, 与国学教育、素质培养等教育培训机构合作, 覆盖社会不同年龄段的各种群体, 打造国学书院, 将国学教育、亲历游学融入特色小镇。

第四节　田园综合体

一、田园综合体的概念

田园综合体的概念可以从 3 个属性分层次来理解: 顶层设计的战略定位属性、体系化建设的实施路径属性、乡土文化孕育的创新属性。

(一) 田园综合体顶层设计的战略定位属性

首先, 它一定是以项目所在地整体区域"产、城、人、文"的深层次剖析作为项目战略定位的前期综合研究基础, 提炼并凝聚出"田园综合体"项目之间的核心差异。其次, 必须着眼于"综合性", 从区域全局的角度出发全面整合资源要素, 特别是要整合乡村的优势要素和特色元素。最后, 田园综合体的可持续发展一定是基于"人"这个最根本的核心要素, 即原住民、新住民和游客。

(二) 田园综合体体系化建设的实施路径属性

田园综合体必须有阶段性目标清晰、具体实施路径清晰、相对应时间节点清晰的可实现途径。需要强调 3 个关键要素：一是现代农业生产端的信息化基础工程，对于农业生产环节中的各项生产要素指标的数据化转化，是实现现代农业的重要基础工程；二是运营管理端的精益化工程，这是一个需要从组织结构端、运营管理端的流程化、实施操作端的便捷化综合考虑的系统性工程；三是牵涉田园综合体的文旅功能，包括游前、游中、游后的会员大数据管理系统工程，以及对文旅伴手礼销售带来积极的推进作用。

（三）田园综合体乡土文化孕育的创新属性

乡土文化面临着边缘化的困境，被大量无脑化娱乐无情地侵蚀。田园综合体必须要把乡土文化的挖掘与复兴作为一个落地实践发展中的系统工程来抓。另外，乡土文化要把传统乡土文化中的优良基因与现代人文背景进行有机而自然的融合及孕育，即"乡土新型文化孕育"。

二、田园综合体的基本特征

（一）以农民合作社为主要载体的农业特征

2017 年中央一号文件首次提出"田园综合体"的概念，明确以新型农民合作社作为田园综合体建设的主要载体，强调姓农、惠农。田园综合体是以农业生产为根本，以乡村自然景观和农民生产生活环境为基础的发展模式。以农民为核心，通过多种形式的规模化经营，创新农业生产经营主体，是田园综合体区别于传统意义上的休闲农业园区的最大特征。

（二）以休闲观光农业为主导的生态特征

现代社会中，人们对休闲旅游的需求逐渐增加，其类型逐渐多样化。生态环境良好、悠闲宁静且富有鲜明文化特色的乡村成为人们放松心情、休闲度假的首选，乡村休闲旅游成为现阶段乡村发展的新机遇。田园综合体通过规模化发展，重塑乡村美丽风光，与当前人们想要回归田园的心态相契合，是农业发展的必然趋势。

（三）以综合性产业开发为主要途径的商业特征

田园综合体涉及三大产业的各个方面，是一种综合性的产业开发模式。田园综合体以农业为核心，以旅游业为主导的产业开发模式，通过对当前农业转型升级的考量，以及对新兴驱动性产业的推动，相关产业围绕核心产业迅速聚集。在此基础上，循序渐进，搭建起一个人口聚集的新平台。因此，具有商业性质的综合性产业开发模式是田园综合体建设的主要特征之一。

三、田园综合体的建设理念

根据田园综合体的基本特征来看，田园综合体建设应遵循五大理念："为农、融合、生态、创新、持续"。

（一）为农：为了农民、农业、农村

坚持兴农为农，广泛受益。建设田园综合体的目的之一就是提高农民收入水平，促进农业转型发展，建设更适宜生活的农村。必须以保护耕地为前提，提高农业综合生产能力，使农民在土地综合使用中受益、在项目发展中受益、在环境改善中受益。

（二）融合：一二三产业融合

坚持产业引领，三产融合。田园综合体模式强调区域内产业发展成为一个综合体系，一二三产业相互配合、互相促进。包括农、林、牧、渔、加工、制造、餐饮、仓储、金融、旅游、康养等各个环节，田园综合体项目内自成体系，减少外界的产业交往成本。

（三）生态：保护生态环境

坚持宜居宜业，"三生"（生产、生态、生活）统筹。良好

的生态环境是田园综合体项目实施的关键，是吸引游客的重要条件，开发乡村资源，必须注重生态保护，保护乡村的特色风貌，让绿水青山带来金山银山。建立循环农业模式，使田园综合体成为一个遵循自然规律的绿色发展模式。

（四）创新：因地制宜，模式创新

坚持因地制宜，特色创意。田园综合体是一个建设乡村的新型模式，各个地区需在实地探索的基础上因地制宜进行开发，具有地方特色的田园综合体才能够经得起消费者的考验，千篇一律、照搬照抄的同质化竞争，终究会被市场所淘汰。

（五）持续：可持续发展

坚持内生动力，可持续发展。建设田园综合体是一个投资数量大且投资周期长的项目，不能以消耗乡村资源为代价。成功的田园综合体必须是围绕农业供给侧结构性改革，遵循市场规律，激发内生动力，建设可持续发展的田园综合体。

四、田园综合体建设内容

田园综合体建设除了提供安全放心的生态绿色食品、获得相应收益外，更为重要的是将地方农业特色与田园文化相结合，创造出多种风格各异的休闲农业项目。

（一）完善农村现代生活和生产功能，加大基础设施投入力度

科学合理配置生态停车场、公厕、污水处理等公共基础设施，生态停车应充分利用村庄空地、废弃地，或者建设林下停车场。公共厕所应建成生态、无害化的旅游厕所，污水处理系统化，推进垃圾分类，完善供电、供水、通信、旅游配送、公共服务等配套设施。

（二）统一改造农村建筑风格

根据当地建筑文化，采用具有当地特色的屋顶、门窗、墙

体、建筑色彩等进行立面改造，建筑材料建议以当地传统材料为主，使每栋建筑与当地自然环境完美融合。

（三）建设生态农业示范基地、科普基地

结合农村综合体提炼适合田园综合体发展的旅游项目主题，打造满足游客休闲需求的旅游项目。鼓励乡土树种的利用，提高珍贵树种的造林比例，鼓励符合条件的村民在庭院内种植经济树种。依托景观农业、乡村旅游、农业文明传承、农业活动体验等活动，开发观赏苗木花卉、郊游、采摘、湿地观光等旅游产品，依托现代农业示范园区，拓展传统农业、生态农业和高新农业产品的观赏功能。

（四）完善旅游设施

旅游服务中心位置合理，规模适中，设施功能齐全，不一定要高大上，但一定要有特点，有趣味性。注重人性化设施和服务，配备必要的无障碍设施，遮阳、避雨、休息椅等人性化设施，提供人性化的关爱服务。建设茶吧、酒吧、咖吧、康体养生、康体服务、演艺、体验活动等场所，开发夜游产品，留住游客住宿。合理设置购物场所，在重要景区交通节点部位，呈点状布置，方便购物。商品布置应立足特色农产品、花木盆景、传统生活用品、民间工艺美术品，体现地方特色。

（五）加强特色餐饮住宿服务

田园综合体的餐饮民宿应统一管理，合法经营，菜品应突出民间菜和农家菜的特点，适当提供茶饮、咖吧、酒吧等。就餐环境干净整洁，有专门的厨房、餐厅，卫生标准高。民宿以小木屋、乡村庭院、乡村主题度假酒店为主，配套设施齐全，能满足游客的不同需求。

（六）合理发展各种产业，促进一二三产业融合发展

把生态放在首位，注重保护和改善生态环境，把文化、空

间、生态有机结合起来。注重当地历史文化遗存的保护和发掘，包括古树名木、文物古迹、建筑遗存和非物质文化遗产。以当地历史遗迹、故事传说、地名和传统民俗活动为载体，打造独具特色的人文景观，传承农耕文化。

第五节　农业产业化联合体

农业产业化联合体在发展适度规模经营和一二三产业融合方面发挥着积极作用，成为带动小农户融入现代化农业的有效组织载体。

一、产生背景

农业产业化联合体是新形势下农业产业化发展的必然现象，其产生和发展符合当前经济环境下的客观需要，总体上表现为以下3个方面。

1. 联合体适应市场竞争的客观需要

经济全球化背景下，各国企业在全球范围内配置资源，市场竞争不断加剧，社会分工不断深化，任何一个单独的企业在产品生产与供应方面都面临风险和挑战。企业只有构建全产业链，才能充分利用产业资源，提高竞争力，实现快速发展。与此同时，市场竞争方式已由原来的单个主体间竞争逐渐向产业链、产业体系竞争转变，为此必须尽快实现农业产业链条上各主体间的有机结合，以应对全球化农业竞争的客观需要。

2. 联合体适应新型经营主体的发展需要

城镇化背景下农村人口的大量流出，以及"三权"分置改革下土地流转进程的加快，促进了农业规模化经营的发展和新型农业经营主体的壮大。但随着农业规模化经营的不断深入，单一主体难以克服自身局限，在应对经营成本快速增长、产品原料供应不畅等问题时往往束手无策。如何通过有效联合，实现各主体的优势互补成为新型经营主体发展的迫切需要。

3. 联合体适应消费结构升级的现实需要

现阶段，人民日益增长的美好生活需要和不平衡不充分的发展之间的矛盾凸显，表现在农业上就是对高品质农产品的需求日益迫切。中高端农产品的生产需要从产业链上游开始布局，加强对生产源头的监督和把控。在这种情况下，通过各主体联合，建立从生产、加工到销售全程质量可追溯的产业链条，生产符合市场需求的优质化、多样化、特色化、品牌化农产品成为适应消费结构升级的现实需要。

在上述背景下，国家积极鼓励农业经营体制机制创新和一二三产业融合发展，一些地方政府顺势而为，支持和引导新型经营主体进行探索和创新，联合体便在已有农业产业化经营组织模式的基础上发展起来。

二、联合体发展的优势

（一）雏形发展早，形成影响力

农业和农机部门以提供及时、便捷的技术、信息服务，指导农业、农机合作社签订作业协议，有效解决了机车与农田"零距离"对接难题，订单作业使合作组织和农户双方互惠双赢。因此，生产基地稳定，服务对象稳定，产品质量和品牌影响力提升，提高了市场竞争力，不仅降低了生产成本和市场风险，更通过节本增效、资金、技术、信息等融合渗透，实现"一盘棋"配置资源要素。

（二）政府支持多，补贴力度大

政府给予大型、高质量农机更大重视和增大补贴率及对托管土地的农业专业合作社扶持力度更大。地方财政每年安排专项资金，从财政、金融、保险、设施生产、农机装备等方面对

"联合体"建设给予扶持，同时整合涉农项目向"联合体"倾斜。金融创新和试点为农业发展注入活力，推动了新型经营主体转型升级和扩大生产。

（三）发展步伐快运营机制完备

当前农业产业化发展步伐明显加快，通过成熟的现代管理制度和完整的产业链条，对接小农户生产与消费市场，对本地区农业生产和农村经济发展起到较强的辐射带动作用。联合体已经打破了经营主体单打独斗的局面，形成了资源共享、打捆经营、抱团发展的高效、高收益运营机制。

三、乡村振兴背景下农业产业化联合体构建路径

（一）加快乡村基础设施建设

发展农业产业化联合体难度较大，很大程度上在于乡村地区的交通、医疗、教育、网络等设施建设与城市相比仍然有较大差距，其集聚效应差，组织机构与人员聚集度较低，导致乡村生活不够便利，发展缓慢。国家应该进一步加强乡村基础设施建设，在物流、电力、通信、医疗、教育等方面缩小与城市之间的差距，提高乡村生活的便利性。首先，构建农业产业化联合体与物流公司的对接系统，搭建农村地区物流产业，解决农村快递运送时的"最后一公里"问题，拓宽农业类机械设备"引进来"和农业类产品"走出去"的途径。其次，对农村地区的网络通信基础设施提供更多政策倾斜与扶持，为农业产业化联合体营造安全、稳定的营商环境。最后，在发展过程中，要时刻注意农村环境生态的保护，可通过结合当地特色，发挥其生态优势，将高污染、高排放、高消耗的发展模式转变为无污染、节能、绿色的新兴产业模式，形成可持续发展的农村经济新模式，为农业产业化联合体发展创造优质的生态空间，搭建可长期维持的农业产业化联合体。

（二）完善农学类人才引进体系

农村跟城市相比生存环境略差，因此需要制订相较于城市而言更具吸引力的人才引进政策。除了传统的人才补助、购房补助、廉租房之外，还需结合区域实际，提供交通、取暖、降温等生活补贴。另外，加大对乡村高素质人员的科研投入力度，在绿色产品研发和农业产业化联合体转型方面，给予技术研发奖励。完善乡村人才引进体系，培养农业产业化联合体发展的经营管理队伍，是乡村振兴的不竭动力。

（三）规范农业产业化联合体行业标准

从国内农业产业化联合体发展的成功案例来看，农业产业化联合体需要由一个当地的龙头企业牵头设立，也可进一步吸纳其他企业共同合作。一般采用"1+M+N"的运作模式，其中"1"代表参与其中的当地龙头企业，"M"代表有多个农民专业合作社，"N"代表有多个家庭农场。例如安徽宿州采取的最低模式为"1+1+5"模式。随着人们环保意识的提高和近些年食品安全问题的爆发，我国针对农业产业化联合体的行业标准逐渐建立，但是由于各地区差异和执行力度的不同，行业标准亟待完善。因此，应在全国实行统一的行业准入政策，加强政策导向，促进行业转型。

一方面，合作一般需要协议来确保各方权益，因此，农业产业化联合体内各经营主体需要签订合作协议，形成联盟组织，进一步明确各自的权利及义务，协同调配各家优势，取长补短，合作共赢，将集体利益发挥到最大化。从组织架构来看，农业产业化联合体一般包括成员大会、理事会和监事会，各方各司其职，从而形成内部相互监督、牵制的有效机制。另一方面，要提高各级政府和部门的重视程度，以此确保政策的长期稳定性，确保其能够一贯执行。

（四）创新农村绿色金融体系

企业发展、产业聚集离不开资金的运作。政府应该加强与金融服务行业的合作，创新政策帮扶的发展，并通过金融服务机构落实。从农业产业化联合体中的龙头企业、合作社或者家庭农场的筹资、投资、经营、分配等方面分别加大金融服务产品的创新力度，辅助农业产业化联合体的发展。另外，农业产业化联合体的发展离不开技术支撑，政府应该选派行业专家或者设置人才政策吸纳行业精英，提供无偿或低价专业技术服务，为农业产业化联合体发展提供有效的技术供给。

（五）培育多元经营主体

农业产业化联合体建设不仅是建设由龙头企业、农业合作社以及家庭农场组成的联合体，更重要的是通过联合体的建设对农业生产要素进行合理配置，改变现有的农业生产方式，推动农业现代化建设，所有这些任务最终都要落到联合体中各经营主体上，他们作为联合体建设的主体，是整个联合体建设的基础，只有各主体都发展壮大并发挥应有的作用，联合体才会更加强大。因此，农业产业化联合体建设的首要任务是建立健全各项政策体系，培育多元新型主体。

第六节　强化家庭农场，推进农业产业现代化

一、发展家庭农场的必要性

（一）推动农业现代化发展，促进一二三产业融合

农业现代化是我国农业经济高质量发展的必由之路，是传统农业生产方式向现代化高科技手段和具有先进管理理念及管理体制相结合的新型农业发展模式转变的过程。在当前农业转型发展过程中，家庭农场作为新型经营主体，成了实现农业现

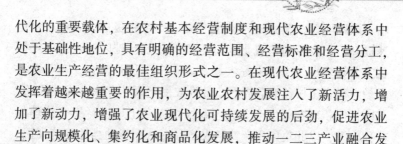

代化的重要载体，在农村基本经营制度和现代农业经营体系中处于基础性地位，具有明确的经营范围、经营标准和经营分工，是农业生产经营的最佳组织形式之一。在现代农业经营体系中发挥着越来越重要的作用，为农业农村发展注入了新活力，增加了新动力，增强了农业现代化可持续发展的后劲，促进农业生产向规模化、集约化和商品化发展，推动一二三产业融合发展，实现农民增收，推进乡村振兴。

（二）提高农业综合效益，推动农业供给侧结构性改革

深化农业供给侧结构性改革是当前解决"三农"工作问题的关键。农业供给侧结构性改革不仅包括农业结构调整，还包括土地制度改革、结构调整、粮食价格体制和补贴制度改革。依托市场改革和政府职能的转变，把农业增效、农民增收和农村增绿相统一，从整体上提高农业综合效益和农产品竞争力，真正走出一条产出高效、产品安全、资源节约、环境友好的农业现代化道路。与传统农户经营不同，家庭农场具备专业务农、集约生产、规模适度、标准统一等特征，是具有一定经营规模的新型经营主体，在标准化、产业化和规模化经营方面具有较大的优势，能够充分释放农业生产力，提高劳动生产率、资源利用率和农产品产出率，优化农业资源配置结构，实现农业资源的最佳配置，促进现代化农业的可持续发展。也有利于统一配置生产资料，制定行业标准，完善销售渠道，有效推进品牌化建设和生产标准化建设，从而不断提高农业综合效益，推动农业供给侧结构性改革。

（三）丰富和完善家庭联产承包责任制，打造新型农业生产方式

家庭联产承包责任制作为影响农业经济的重要制度，对农业产业发展具有极大的推动作用。家庭联产承包责任制权责明晰、激励明显，极大地调动了农民的生产积极性，农业产量迅速提高，但也容易造成土地过于细碎分割、难以深入开展规模化经营等弊端。通过家庭农场将农业资源进行整合，在尊重和保护农民合法权益的前提下，激励农民走现代化农业发展之路，共同打造新型农业生产方式。农民可以对土地进行集中管理与耕种作业，以此集中生产特色农产品，从而推动当地经济发展。家庭农场不仅是对家庭联产承包责任制的完善，也有利于推进实施乡村振兴战略，推动农村产业现代化发展。

(四) 有利于规避农业风险，提高农产品产量和质量

家庭农场以家庭为基本建设单位，相对其他组织形式，拥有更加具有灵活多样的信息技术获取渠道和决策机制，有效预测企业风险并及时采取有效措施来进行规避，减少社会经济环境的损失。家庭农场的生产经营目标是追求自身利益的最大化，能够积极推动农业逐渐向盈利功能转变，克服小农经济的弊端，提高我国农产品的商品化程度，也促使劳动者注重农产品的产量和质量，提高农产品食用安全评价指标，便于政府对农产品生产及运营的监督和管理。

二、家庭农场助推农业产业化发展

(一) 推广家庭农场的经营模式，提高农业现代化水平

家庭农场以家庭为单位，为家庭农场投放先进技术及资本，促进农业生产规模化、集约化和商品化。

通过提高农户对农业科技发展的接受度，引导农户使用现代化农业工具，提高农产品生产效率。当农户从中发现其优势时，能够激发其主观能动性和生产积极性。在技术推广的过程中，懂技术、会经营、善管理的农民可以通过承包、投资和参股等方式，集中优势农业资源，推动农业现代化发展。

（二）加强企业与家庭农场之间的交流与合作

坚持社会环境为本、绿色经济发展的新要求，在促进产业发展的同时也要符合村庄绿化、田园美化、空气排序、民俗风情的要求。充分利用好企业的资源资本优势，通过"项目服务+援建工程+项目合作"等方式，发挥家庭农场的优势，建立起较为健全的利益联结机制。通过这样的方式，不仅可以促进企业与家庭农场的合作，也为农业现代化发展提供了绿色优质的环境。

（三）推动家庭农场多样化发展

近年来电子商务正处在如火如荼的发展之中，通过电商平台，家庭农场的受关注度也越来越高。家庭农场主不仅可以通过电商平台推广农产品，拓宽农产品的销售渠道，增加收入，还可以在电商平台进行广告宣传、拍摄短片和直播带货以吸引更多的消费者。

除此之外，还可以通过农旅合作、新经济走廊和休闲观光走廊等农业旅游项目推动农业和农村发展，落实乡村振兴。

（四）促进一二三产业融合发展

产业兴旺是乡村振兴的重点，要实施乡村振兴战略，就必须构建一二三产业融合发展体系。这是实施乡村振兴战略、加快推进农业农村现代化、促进城乡融合发展的重要举措，也是推动农业增效、农村繁荣、农民增收的重要途径。因此，要把握好三产融合关键点，一产要有适度规模，有规模才能搞标准化和机械化；二产要借助科技力量，实现农产品加工的差异化，差异化的产品是满足市场需求和品牌运营的基础；三产要建好合适的销售渠道，无论农产品上行，还是引客下乡或者开直播，都要讲好农业故事，做好顾客体验，培育品牌粉丝。

（五）强农兴农，促进农业农村发展行动升级

加强农业基础设施建设，提高农业产业发展科技水平，进一步提升农产品附加值，实现农业产业利益最大化和农民增收致富；从外部环境给予家庭农场和企业大户更多的政策支持和帮扶力度，加强规模化经营，从内部环境给予农业产业从业人员更多的农业科技培训，培育新型农民，促进农业生产经营的专业化和现代化，构建新型农业经营体系，不断推进现代化农业发展，助力乡村振兴；以发展智慧农业和特色农业为着力点，不断延伸农业产业发展链，以市场需求为导向，优化农业生产结构和区域布局，实现农业产业"三全"（全源头把控、全过程升级、全产业协同），推动农村一二三产业融合发展，构建乡村产业体系，实现农业和农村经济全面发展，实现乡村振兴。

（六）加强品牌建设，提升农产品的质量水平和市场竞争力

习近平总书记强调要生产质量安全的农产品，并特别提到要用品牌建设来保障人民群众"舌尖上的安全"。要大力发展"人无我有、人有我优、人优我特"的产品和产业，打造优势品牌农业，以品牌保质量，向品牌要效益，为发展品牌农业指明了方向。品牌农业是农业现代化发展的有效载体，是实现农业生产专业化、规模化和标准化的重要抓手；是提高农产品质量、扩大农产品知名度、提升农产品竞争力和市场占有率、促进农业增效和农民增收的重要手段；是加快推进农业产业结构调整、实现传统农业向现代化农业迈进的重要途径；是推动农业高质量发展、全面推进乡村振兴的必然选择。

第五章　农业产业化经营

第一节　农业产业化经营的概念与组织形式

一、农业产业化经营的概念

农业产业化经营是一种以市场为导向、以家庭承包经营为基础、以龙头企业和组织为主导的新型农业经营模式，它将生产、加工、销售等各个环节有机地结合起来，实行一体化管理。这是继家庭承包经营之后农村经营制度的又一重大创新。农业产业化经营至少包括以下含义：一是市场化经营；二是整合经营；三是培育主导产业，在主导产业的关键环节建立龙头企业，带动整个一体化经营的强劲发展；四是必须形成利益互补机制，才能使农民在真正的农业产业化经营场所获得良好的经营效果。

(一) 农业产业化经营的主要作用

农业产业化经营是在社会主义市场经济条件下不断产生而发展起来的，在新的历史时期，为了适应农产品市场供求关系发生变化的客观规律，调整和优化农业产业结构，促进产业升级，增加农民的收入，是当前农业和农村工作的主要任务。因此，发展农业产业化经营有着不可替代的作用。

(二) 培植主导产业，加强龙头企业的建设

农业产业化经营的重点是培植主导产业，加强龙头企业的建设，并在主导产业的关键环节或基础上建设龙头企业，以带

动整个产业化经营的发展，发挥其主导作用。

二、我国农业产业化发展的组织形式

目前我国农业产业化发展的主要组织形式有以下4种。

第一种：龙头企业加农户型。这种模式简单来讲就是企业与农民相互依存形成一个利益的共同体，同时也是风险承担的共同体。这种模式主要是以龙头企业向外联系市场，向内联系农产品基地，利用龙头企业的强大实力扩大市场规模，扩大农产品基地规模，利用其规模优势，在市场竞争中占得先机。但是在这种模式中农民是非常依赖企业的，所以难以保证企业会一直站在农民的利益角度经营。

第二种：市场加农户型。这种模式就是农民与市场直接交流，避免了中间其他企业或者个人介入的机会，让农户有直接与市场主体谈判的机会，形成生产销售一条龙的链条，很好地解决了农户有产品难卖的难题。

第三种：企业加农民合作经济组织加农户型。这种模式是农民合作的经济组织以土地，资金，技术等农业重要因素帮助农民生产，同时入股企业的方式与企业联合经营的模式来解决产品生产加工销售的问题。这种模式是相对比较先进的，它增加了农户与企业之间的联系。

第四种：企业加中介组织加农户型。这种模式以农业中介组织为依托，企业将农产品的生产、加工、服务、销售各个环节与农户形成普遍联系的网状关系，形成生产、加工、销售一体化的产业集团。但是这种模式的缺陷是一旦中介组织出现问题，那么整个系统都将会瘫痪。

第二节　农业产业化经营品牌战略

农业产业化经营与农产品品牌战略分析农业产业化经营是

基于现代工业管理办法开展现代农业生产经营，具体以市场为导向，以提升农业效益为目标，通过龙头企业、合作组织带领分散农户，将农业生产、加工、营销等联系起来，组成完整产业链，从而展开一体化经营，对乡村振兴具有一定促进作用。而农产品品牌正好是农业产业化发展的一项主要特征，通过制定针对性的品牌战略，能使企业或组织在充分整合资源的基础上，在社会中获取品牌认知与肯定，提升竞争优势，争取超额利润。

一、农业产业化经营与农产品品牌战略的基本关系

农业产业化经营与农产品品牌战略都是以现代市场经济为运行基础，以经济效益为中心，以企业为主体，以技术为依托，相伴相生、彼此促进。

（一）农产品品牌战略对农业产业化具有促进作用

农产品品牌战略具有一定规模经济效应、龙头效应、创新效应和社会效应，有利于推进农业产业发展。其中，规模经济效应能促使农业主导产品和支柱产业实现专业化生产、区域化布局；创新效应能推进农业生产、加工技术持续进步；社会效应能为农业产业化经营带来优良的社会氛围。开展农产品品牌战略，不仅是农业产业化经营的客观要求，还是全面推进主导产业建设、实施规模化经营的必经之路。

（二）农业产业化对农产品品牌战略具有推动作用

现阶段的农产品生产现状，决定了分散的农户难以注册和运营一个品牌，虽然地方政府能在品牌建设中发挥一定效用，但也不能作为品牌运营的所有者。所以，一个农产品品牌要想在市场上获得发展，除了农户与政府的基础作用外，还要有龙头企业通过产业化形式展开深入投资和运作，通过农产品生产、贸易等将农户、市场、企业整合起来，建立一个各自分工，既

具有一定生产规模，还拥有良好市场影响力的组织体系。从这点来看，农业产业化是品牌战略成功实施的重要原因，它能有效满足农产品品牌对于产品品质、技术含量和生产规模的基本要求，能促使品牌战略效益得到充分发挥，又能推进市场体系全方位发育，给品牌战略的进一步开展打造广阔的空间。

二、农业产业化经营与农产品品牌战略发展途径

（一）农业产业化经营措施

各地农业产业化经营的道路与模式选择，应根据当地自然资源分布、劳动力资源优势等要素确立，同时基于市场导向因地制宜，使其既能够符合当地实际，还能发挥出资源优势。

1. 基于资源优势发展主导产业

在农业产业化经营中，要始终坚持优化布局，打破地区行政区划分界，构建"一盘棋"的发展理念，以此按照土壤与气候类型确定种养殖品种，划分种养殖区域，全面发挥当地特色性、绿色性、生态性、康养性等农业优势，逐渐确立符合当地实际状况的主导农业产业，以推进区域特色经济构建。

2. 构建特色农产品发展基地

农产品基地是农业产业化的根据地，要想形成主导产业，就必须有上规模的生产基地。所谓农产品基地，就是不同规模优势农产品集中产地，是现代农业经营主体在实际构建过程中，以市场需求为主旨，发挥地区优势，因地制宜。具体需要各地基于基地建设意见和资源优势制定发展规划，鼓励龙头企业在定向服务、定向投入和定向收购下，全面开展产业化经营，和农民构建稳定的合作关系，建立利益共同体。同时加大基地建设投资比重，要求商业银行将支持农产品基地建设作为信贷工作的关键内容，及时满足资金需求。将基地建设中用于建设大

棚、水产养殖、畜禽饲养场的土地，都视为农业用地，鼓励农技推广机构，利用技术承包、入股、转让等形式下，领办、创办或协办农业企业。

3. 扶持农民专业合作经济组织

要使农民专业合作经济组织在农业产业化经营中真正发挥效用，必须从以下几方面着手。

（1）协调建立农业产业化组织，尝试应用股份合作、订单等形式，将分散的各农户组成一个利益共同体，为品牌战略提供组织依托。同时，以实力强劲的农业企业等产业化经营组织为龙头，将分散的资源基于市场买卖等形式整合起来，基于某一项产品或产业展开经营开发，实施统一管理。

（2）要始终坚持民办、民营、民受益的基本原则，为组织建立一个能够真正实现自由发挥的空间。同时，加强扶持与引导，通过当地党员培训带动以及对能人大户的思想教育，使更多有实力的个体或群体成为合作经济组织的领头人。

（3）充分应用网络平台和其他信息优势对组织市场拓展和技术指导提供支持，并将现有的各类组织整合起来，建立跨区域和涵盖生产、加工、销售、贸易等环节的大型专业合作经济组织。

4. 推进产、企、研相互结合

要实现农业产业化经营，提升当地农业产业在市场中的竞争实力，还要加大农产品科研开发，由当地企业和涉农院校、农业科研院所等展开特色农产品开发研制，构建专项农业科技示范园区，引入和推广一批适合当地特色的优良农产品品种与生产技术。龙头企业自身也要瞄准市场需求与当前农业消费热点，持续落实技术开发与转化，提升农产品生产加工技术含量，不断推进产品种类与品质升级，从根本上开发出一系列名优特产，促使农业发展从原先的数量扩张增长转为质量优化增长。

5. 构建多元化的投融资机制

在农业产业化经营中，资金问题是最大的影响因素，具体可以围绕以下几方面重点解决。

（1）调整金融和财政投资政策，加大对农村地区特色农业产业的保护与支持力度。

（2）基于农业相关优惠政策，在当地甚至全国范围内吸引民间资本加入农业产业的研究、生产、加工和贸易中。

（3）利用管理思维推进农业产业开发，构建股份合作制，运用现代企业制度从社会中吸纳资本，如果条件成熟，还可以直接整合发展成为上市企业。

（4）建立良好的项目意识，抓住乡村振兴战略这一重大机遇，全面优化投资环境，吸收海内外的投资者投入农业产业化的发展经营中。

（二）农产品品牌发展措施

1. 制定精准的品牌发展规划

减少农产品品牌无序生产经营，各地还需基于自身现有的农业资源状况制定专项品牌发展规划，优化区域布局，突出农产品地方特色，尤其要关注农产品差异性，即利用农产品产地和自然优势增强品牌价值，进一步扩大销售，提升农产品附加值。由于农产品市场存在竞争性、地域性、季节性等特征，所以在品牌定位时还需将市场需求和当地资源结合在一起，选择既具备区当地特色优势又与消费者需求相符合，且能够获得较为可观利益的农产品展开规模化生产。在此基础上建立易于传播的宣传方案，向目标市场传递自身品牌优势，以获取更高的市场占有率，并保证长期性的获利能力。

2. 完善农产品品牌发展环境

（1）构建良好的创新环境。一方面，充分挖掘当地文化底蕴，为农产品品牌增设更多文化特色，提升品牌附加值，使其成为品牌营销推广的核心力量。另一方面，对地区内的农业研究所和农业高校的农技攻关项目加大支持力度，构建创新激励机制，促使农技转化为真实成果。

（2）建立专项扶持公共服务平台。构建农业技术研发中心、质检中心、信息服务中心以及产品展示中心等，给农户及涉农企业提供技术、监测、信息及营销等多层面的帮助。同时加大农业基础设施构建，推进农业协会组织以及中介机构建设。

（3）优化信用机制，营造一个可以实现公平竞争的大环境。提升龙头企业以及农户行为的可预见性，尽可能降低交易信息成本，并为农户及涉农企业提供商标代理、专利申请、品牌推介、信息咨询、法律维权等必要服务。

3. 加大农产品品牌推广力度

品牌宣传推广是农产品品牌成长与传播的关键环节。当地政府需联合龙头企业、种养殖农户，利用各种媒介全面展开宣传推广。具体开展时，相关部门应善于寻找和发现当地农业的独特资源优势，基于农产品贸易洽谈会、农博会、招商会等举办品牌推广宣传活动，运用网络营销平台展开专题报道；有关组织要基于自身的服务功能和组织效用，动员农产品生产企业积极参与各类品牌活动，加强信息沟通，落实产需对接，利用信息平台实施网上展示与洽谈，合理应用现代配送体系与电子商务形式，在品牌运作下持续提升品牌价值，扩大知名度。要善于应用自身特色，如运用地域文化、传统文化展开新品牌开发和传统品牌宣传。现阶段同类农产品众多，产地分布广泛，可以尝试推拉式策略，构建线下实体店，建立农产品电商，将当地农产品推向消费群体，拉动消费群体进入，以便消费者借助线上线下两大渠道了解品牌信息。同时，还需做好售后服务工作，建立良好的社会形象，以获得更多稳固的消费群体。

4. 提升品牌农产品质量水准

农产品品质是品牌得以维系的重要基础，因此需要多方充分履行自身职责。

（1）建立专项质量标准体系，从产品品质要求、包装、监测规范等方面着手，将质量管理与标志管理贯穿始终，严格基于生产流程和规范落实产品质量监测、农业生产环境监测，以确保农产品质量。

（2）农户以及相关企业应严格遵守品质认证流程，确立品牌市场要求，如与大型配送中心和大型超市合作的农产品必须标明产地、种源等，并基于标示宣传绿色农产品、有机农产品的相关指标。相关行业协会也要不断提升品质意识，规范协会内农户与企业的农产品生产及加工行为。

5. 加大农产品品牌保护力度

农产品品牌，尤其是一些在国内享有一定名誉，甚至名扬海外的品牌，都拥有较高价值，是地方最重要的无形资产，必须加大保护力度。品牌保护就是品牌所有者与使用者为避免其他主体给品牌带来危害，而采取一些必要措施的行为。目前最常见的主要有以下几种。

（1）推进区域品牌注册。农业协会作为品牌注册申请人，需及时确定当地农产品品牌的专属权，为其申请集体商标，展开原产地保护。

（2）规范品牌使用许可。不管是种养殖农户，还是农产品加工企业，其行为都应该在区域品牌行业协会的检测认证和批准之下展开。

（3）提升品牌利益有关主体的品牌意识。推进经济主体以及地区之间的合作关系，构建品牌网络。同时，确立品牌保护自律机制，通过综合企业自保、司法维权、政府法律监督等方式形成牢固的保护体系。实施农业产业化经营与农产品品牌战略是当前农业发展的一项重大任务，也是市场经济背景下农业产业建设与农业企业发展的必要策略，更是推进农村经济增长、落实乡村振兴的关键环节。从两者的本质关系来看，彼此互依互存，相互促进和推动，为农业建设提供了支撑作用。从外部发展环境来看，农业生产稳定、大众生活水平提升等因素都给其带来了一定机遇，但同时也面临竞争力较弱、市场体系不完善等挑战。从内部发展环境来看，农业资源丰富、品牌基础良好、农业经营进步迅速，但依然存在品牌意识缺乏、经营效益不佳等问题。这就需要基于资源优势发展主导产业，构建特色农产品发展基地，扶持农民专业合作经济组织，以推进农业产业化经营；制定精准的品牌发展规划，加大农产品品牌推广力度，提升品牌农产品质量水准，以落实农产品品牌战略，推进农业经济发展。

第三节　农业产业化经营中供应链物流管理

物流管理是供应链管理中最关键的部分，从产业开放体系建设这种经营工作中可能会存在一些问题，影响实际的供应链物流情况，因此需要集中分析物流供应链中最容易出现问题的环节，通过采取有效的措施，制订合理的落实方案，针对供应链管理进行全面调整，企业只有通过供应链管理下的物流建立新的管理模式才能适应激烈的竞争。供应链物流管理在农业产业化经营工作的过程中开展，主要进行大量的初级农产品供应和销售工作，目前很多龙头企业在经营和发展工作中，构建了大量产品的产销中心，同时在农业产业化的经营过程中开始侧重以供应物流和销售物流为核心，另外，供应商和承运商以及分销商等参与其中，也把物流管理作为主体工作之一。

一、对供应链物流进行管理的必要性

供应链物流隶属于系统物流，是系统物流中的一种形式，而且是一种大系统物流。物流实际上就是所谓的物资流转，也包含价值和信息流的流转，物流更是贯穿于供应链的各个环节，成为企业间联系的纽带。这个庞大的系统涉及了供应链中的每一个企业，这些企业的类型和所属层次都不尽相同，其中既有位于供应链上游的原材料供应商，也包含位于供应链下游的分销商和核心企业。这些企业之间既有区别，又有这样或者那样的联系，所有的企业组合在一起，就构成了一个供应链系统。在这个大系统中，不仅有企业间的物流，还包括了具体企业内部的物流，而这些物流环节都直接与企业的生产系统之间相互连接。

二、农业产业化经营中供应链物流管理方法

（一）联合库存管理

在供应链物流管理中，最重要的方面当属联合库存管理。顾名思义，联合库存管理就是需要在整个供应链中建立起一个库存系统，而这个库存系统要以核心企业为中心。具体操作步骤主要有两个方面，一是需要建立起分布合理的库存点体系，二是需要企业共同建立联合库存控制系统。

（二）供应商掌握库存

供应商掌握库存，其出现要晚于供应链管理理论，本质是一种新的库存管理方法。简单地说，就是需要我们把核心企业的库存也交给供应商来掌握。这种新出现的管理方法相对于传统的由核心企业自己从供应商处购进物资、自己管理、自己消

耗、自负盈亏的模式来说，是一大变革。

（三）优化先进的供应链管理信息系统

企业进行全球经济的竞争，一个重要的手段就是实现信息网络化。为了能在激烈的市场竞争中存活下来，并且保持一定的竞争力，国内多数企业都选择了变革传统的管理手段，其中最主要的手段之一就是利用信息系统来辅助企业进行运营管理。

企业要想在全球经济竞争中取得成功，发展现代物流与供应链管理无疑就显得非常重要。因此，在信息技术飞速发展的前提下，需要我们从企业内部变革开始，一直延续到对组织结构进行全面调整，从战略的制定一直到战略的具体实施过程，通过这种崭新且先进的管理模式，极大地提升企业的核心竞争力，进而深刻影响企业的发展。农业产品的供应链物流情况容易受到很多条件的限制和影响，对于实际的行业发展和市场需求具有非常重要的影响作用，尤其是销售商和供应商在工作经营时需要依赖物流链的良好运作状态，才能够保证实际的产品调配工作和货品质量水平。所以很多核心企业可以利用信息技术等方式进行调整和创新，保证农产品的实际供应情况能够满足市场需求。

第六章　农村一二三产业融合的必然性

第一节　乡村振兴需要一二三产业融合

一、一二三产业于农村经济发展的意义

一二三产业是当前产业发展的重要类型，对于农村经济发展有着显著的意义，具体分析不同产业的意义可以更加全面地认识产业价值。

（一）第一产业的作用分析

第一产业是农村经济的支柱产业，是农村经济发展的根本。就目前的具体分析来看，乡村经济发展所仰仗的重要资源便是土地，因此土地是农村经济发展中的核心。基于土地的利用，乡村经济发展中有着种植业、林木业以及养殖业等，这些产业为乡村经济的发展带来了活力。简言之，第一产业是乡村经济结构中的核心，是乡村经济的根本，所以稳定产业发展现实意义显著。

（二）第二产业的作用分析

第二产业是乡村经济安全性和稳定性提升的重要辅助力量。从具体的分析来看，第一产业的发展会受到极端天气等其他自然灾害的影响，脆弱性比较强，所以要想保证农村经济的进步，不能仅依靠第一产业。相比于第一产业，第二产业的抗灾能力和稳定性更强，而且当前阶段的城市产业转移和农村劳动力解

放为乡村第二产业的发展提供了优越的条件，所以现阶段的乡村第二产业发展速度和水平在明显提升。简单来讲，乡村第二次产业的发展提供了较多的就业岗位，而农业现代化水平的提升正好解放了大量的劳动力，这些就业岗位为劳动力的合理安排提供了条件，所以说第二产业成为乡村经济安全发展的重要推动者。

（三）第三产业的作用分析

第三产业是乡村经济发展的助推器。简单来讲，乡村经济最稳定的支持是第一产业，其规模大，比重高，对于乡村经济的整体性进步有显著作用，而第二产业是第一产业劳动力转移的重要承担者，而且第二产业丰富了乡村经济结构，对于乡村经济发展安全提升起到了重要的作用。至于第三产业，因为当前的农村经济发展观念和模式尚没有较为突出的转变，所以第三产业的发展依然比较慢。但是在当前乡村经济体制改革的推动中，部分区域已经通过试点的方式加强了农村第三产业的发展和利用，第三产业的布局进一步丰富了乡村经济发展结构，为乡村经济的发展提供新鲜的力量。

二、一二三产业融合对乡村经济振兴的作用

一二三产业融合对于乡村经济振兴而言有着突出的作用，当然，这种作用不是单方面的，而是从多个方面体现出来的。通过具体的分析可知，振兴作用主要表现为以下3点。

（一）实现乡村经济的可持续发展

就当前的分析来看，我国经济发展积极地走绿色化道路和可持续化道路，目的就是要实现我国经济的稳步提升，而过去的农村产业结构比较单一，一旦生产发生问题，农村经济便会遇到毁灭性打击。实现一二三产业融合后，这种局面能够得到有效的改善。首先是一二三产业的融合实现了农业对工业的支

持，工业对农业的反哺作用也更加的显著，而且有了工农业的发展，服务业的繁荣程度也在显著地提升。三大产业相互影响，相互促进，有效提升可持续性发展。其次，一二三产业的农业实现了农村剩余劳动力的有效转移，尤其是第三产业的发展为农民发展副业提供了机遇，这使得农村产业结构的合理性有了明显的提升。

（二）实现乡村经济抗风险能力的提升

一二三产业的融合有效改变了农村的单一收入结构，农村居民依然以农业生产为主，但是在农闲的时候，他们可以走进工厂从事第二产业的相关劳动，从而获取报酬。至于那些不愿意从事种植的农民，其可以通过土地流转将承包土地出租，自己可以进入厂房做工人。另外，有商业头脑或者是经济基础的农户可以在农村构建休闲度假中心满足当前的市场旅游需要。简言之，实现一二三产业的融合，农村居民的收入结构改变，整个农村抗风险的能力得到了有效的提升。

（三）实现乡村经济的规模化和现代化发展

仅仅是依靠乡村固有的经济模式进行发展和转型，乡村经济发展水平短时间内很难获得明显的提升。而传统的农业发展结构对于技术研发、人才引进也十分不利，所以农村经济发展的规模扩大较为困难，现代化水平提升也比较困难。实现一二三产业的融合，农村经济发展不仅有第一产业，更有第二产业和第三产业，其中二三产业的发展需要技术和人才，其对于人才的吸引力也较大，所以人才引进会更加地方便。再者，有了二三产业做基础，技术研发和管理的提升也会有相应的转变，这能够有效促进乡村经济发展的现代化。

三、农村一二三产业融合的主要模式

农村一二三产业融合指的就是以农业为基本依托，以新型

经营主体为引领，以利益联结为纽带，通过产业联动、技术渗透等方式进行跨界集约化配置，使农业生产、农产品加工和销售等其他服务业整合在一起，使农村一二三产业之间紧密相连、协同发展，促进农业农村经济发展。当前，中国经济已进入高质量发展阶段，已全面建成小康社会，正踏上农业农村现代化的新征程，农业产业链不断延伸，农业潜在功能不断被开发，农村一二三产业融合新模式不断涌现。从我国农村一二三产业融合发展的实际来看，主要分为以下 4 种模式。

（一）农业产业链纵向融合模式

农村一二三产业融合中，产业链的纵向延伸模式是当前产业融合实践中得到较多运用的一种模式。这种模式以农产品为起点，以合理的利益联结机制为关节，发挥龙头企业等新型经营主体的动力作用，将传统孤立式的农产品生产、加工、消费环节变为同部门内部分工协作关系。"接二连三"形成三次产业一体化局面，以此提升整个涉农产业链的效益和竞争力，最终实现农业农村现代化。

（二）农村产业集聚型融合模式

从形态上看，对比产业链纵向融合模式的"线型经济"，农业产业集聚属于"网络状"融合经济模式。农村产业集聚是在地理空间上具有接近性的较大数量农户或企业，由于彼此的共性或互补性而高度集中，以某一领域农业生产为结合契机，由龙头企业为生产主导，将农业的产前、产中、产后各个环节，以及类似于农业金融、科研教育等的农业关联产业统筹为一个整体。按照生产分工和协作的要求，参与集聚的农户或企业进行专业化生产、规模化经营。农村产业集聚模式强调发挥主导企业的正外部性，促成集聚区整体的集聚效应，提高农业竞争力。

（三）农业功能拓展型融合模式

我国农业一直承担的是为人类提供生存生产所需的单一功能。随着经济社会发展，农业的旅游、文化、生态、社会等价值逐渐被发掘。休闲农业、乡村旅游、农家乐等模式的农村一二三产业融合模式应运而生，使农业的非生产功能得到极大开发。用经营文化的理念、经营乡土情结的理念，培育特色乡村旅游景点和乡村特色产品品牌。按照生态链关系发展循环经济，整合一二三产之间的关系，将农业的教育、文化等功能和旅游相契合。社区支持农业等外来新业态也逐渐中国化。

（四）"互联网+农业"模式

随着大数据时代的全面到来，"互联网+"战略逐渐运用于各行各业。近年来"互联网+农业"的新型农业生产模式日益兴起。一是"互联网+"为农业生产销售搭建网络交易平台，通过B2C、B2B、C2B的形式，以农业为起点，消费者为最终导向，将农产品产前、产中、产后融合为一个生态圈。一方面解决供求失衡问题，另一方面降低农产品流通交易过程产生的其他成本。另外，C2B是定制消费在农产品市场的创新，推动预定农业、认筹农业等新业态的出现，增加农业的客户体验感。二是"互联网+"农业模式下，农业生产利用网络大数据提供的实时信息，保证市场信息的畅通，避免盲目生产带来的损失，农业生产可以依靠网络直接进行订单接收、物流配送、农业服务、网上交易等农业活动，打通供销壁垒。

四、促进农村一二三产业融合发展的对策

乡村振兴是一项世纪性宏伟工程，也是我国经济崛起、社会进步以及中华民族伟大复兴的必由之路。乡村振兴目标的实现离不开农村经济的快速崛起，离不开一二三产业的融合发展。因此，必须借助当前实施乡村振兴战略的有利时机，及时采取

一系列有效措施，加快农村一二三产业融合发展。

（一）加大资金投入力度

可以借助乡村振兴的有利时机，不断加大中央政府支农资金尤其是一二三产业融合发展专项资金的投入力度，同时加大信贷与金融支持，尽量满足农村一二三产业融合发展的资金需求。在此基础上，各地都要设立或增加相应的配套资金，各金融机构也要尽可能增加信贷资金的投入，由此形成一个巨大的产业发展资金流，以推动农业企业发展，提升农村经济造血功能，为农村一二三产业融合发展铺平道路。

（二）加大技术创新投入力度，提升企业创新能力

（1）加大农村技术培训投入力度，加强农村专业技术人才培养选拔，为创新能力的提升积蓄人才资源。

（2）提高农村专业人才的收入待遇，改善其工作与社会环境，提升其社会地位，彻底解除其后顾之忧，确保留住人才、用好人才。

（3）加大企业技术投入，增设相应的专项基金，全力支持企业技术创新与设备更新，全面提升企业创新能力，夯实农村一二三产业融合发展的技术基础。

（三）加快农村经营管理方式的转变

面对全新的市场环境，农村基层组织及其经营主体都必须转变发展思路，采取以市场为导向的现代经营管理方式。实际上，农村一二三产业的融合发展就是一场深刻的社会革命，要实现农村一二三产业融合发展，就必须转变农村经营管理方式与经营理念，破除传统小农思想的束缚，坚持社会化大生产的发展思路，促进农村一二三产业融合发展。

（四）大力培育扶持农村龙头企业

（1）各级政府和社会组织都要从乡村振兴的大局出发，全

面加大人财物力投入力度,重点培育、打造一批农村龙头企业,不断壮大其经济实力,使其成为农村一二三产业融合发展的有生力量。

(2)大力扶持现有的农村龙头企业,全方位延长产业链,全面提升其带动力与辐射力,使其成为农村一二三产业融合发展的领导力量,由此推动农村一二三产业融合发展。

(五)加快农村基础设施建设

目前,各级政府要充分利用实施乡村振兴战略的有利时机,进一步加大财力物力投入力度,重点加快农村交通、通信、水利等基础设施建设,大幅度改善农村生产、生活与生态环境,全面降低企业生产经营和农村经济发展的外部成本,为非农企业进入农村创业扫清道路,夯实农村一二三产业融合发展的物质基础。

(六)加强横向融合的程度,通过农业多功能性的开发

推动农村一二三产业融合发展充分利用农村现有的各种资源,以观光、体验、度假等形式,满足人们对休闲农业和乡村旅游的日趋增多的需求,这些需求也会反过来进一步拓展农业的多功能性,推进农村不同生产要素之间的融合,从而促进更多的融合新模式的产生,带动农民收入的增长,同时让更多的"新农人"长期留在农村。通过对农业多功能性的挖掘,不断赋予农业多种角色和定位,为农业与其他产业的融合提供新思路,丰富和创新农村一二三产业融合的模式。

(七)以特色小镇为引领,创新农村一二三产业的融合模式

特色小镇是农村经济发展到一定程度的产物。在农业资源比较丰富且具有一定产业特色的城市周边,可以以"农业主导+特色小镇"的模式推进农村产业融合,也能一定程度上与新型城镇化结合起来。运用现代产业理念打造大农业的产业形态,

发展新产业，提升乡村价值。在发达国家和我国比较发展的地方特色小镇表现较为明显。通过特色小镇引领农村产业融合，推进农业与其他相关产业的多重深度融合，带动当地农村经济的发展、就业的增多和农民收入的增长。

（八）培育农村专业性经营主体，建立并完善利益联结机制

农村一二三产业融合还处于初级阶段，融合的推进需要专业性经营主体的参与，需要在这些专业性经营主体之间建立并形成风险共担、利益共享的利益联结机制，并因此避免道德风险、违约行为的产生，保障各方经营主体利益的实现。在利益分配机制上，必须把农户的利益放在首位，在检验融合的成果时，必须把促进农民增收作为检验融合成果的重要衡量标准。只有这样，才能真正实现农村一二三产业融合的目的。

（九）改善外部环境，夯实融合发展的基础

发达国家非常重视农村基础设施的投入和建设，也为这些国家农村一二三产业融合的发展提供了一定的基础保障。因此，在政府政策支持方面，应借鉴发达国家的扶持经验，在财政、金融、税收、公共服务等方面加大对农村的支持力度，结合农村一二三产业融合的发展所需，实行精准政策支持。

（十）加强复合型、技术型人才的培养，健全农业科技创新机制

通过农村外部环境的改善，通过采取各种有效的激励手段和建立激励机制，鼓励更多的复合型、技术型人才服务农村、扎根农村，带动农村一二三产业融合向更深层次发展。以农业龙头企业为主体，建立农业科技创新联盟体，引导地方科研机构、高校与农业企业联合起来开展农业科技创新，建立农业科技创新服务平台，不断加强农业科技创新成果的转化，在合作过程中也能培育农村一二三产业融合所需的复合型、技能型人才，为农村一二三产业融合提供更大支撑。

第二节　培育出多种多样的产业融合维度

近年来，我国各地广泛开展农村产业融合发展的具体实践，培育出多种多样的融合业态，三次产业在多层次多领域加深融合。在"十四五"时期及其后的更长阶段，推动乡村振兴必须进一步深化农村一二三产业融合发展。

一、功能维度：多种功能融合态势

农业农村多功能指的是农业农村不仅具备经济功能（供给农产品及原料等），还具有社会功能（保障粮食安全、提供农村就业、促进社会稳定等）、文化功能（传承和发扬农耕文化、乡风民俗，保存农业景观和乡土民居景观，孵化创意农业、体验农业、特色农业等多种业态）和生态功能（维护生物多样性，调节气候环境，保持水土，促进生态平衡，改善农村生产生活生态环境）等多种功能。我国各地全面推开农村一二三产业融合发展，不仅强化了农业农村经济功能，而且激活了其社会、文化、生态等功能，并表现为多功能之间的融合。

（一）经济功能和生态功能相融合

这种业态是农村一二三产业融合发展的一种典型业态，是按照生态学和经济学原理，促成种、养、渔、牧等农业内部产业融合，以及农业与加工业等融合，形成循环农业生态系统，促进经济和生态之间的良性循环，实现经济效益和生态效益的统一。这种业态主要体现了农业农村经济功能和生态功能的相融，能够有效改善农业环境污染、节约农业资源，促进产业可持续发展。

（二）经济功能、生态功能和文化功能相融合

这种业态是近年来农村一二三产业融合发展过程中加快培育的一种业态，是指立足于地域特色自然和人文资源，以市场需求为导向，强化农业科技应用，开发特色农产品的一种现代农业产业。作为一种融合业态，特色农业依托于当地的自然地理、气候资源和民俗风情等独特资源禀赋，区域比较优势和竞争优势明显，具有品牌优势、质量优势和高附加值等特点，融合了农业农村的经济、生态和文化等多种功能。这种业态涉及种植、养殖、储藏、加工、保鲜等环节，涵盖瓜蔬产业园、果品加工项目、特色养殖项目、特色文化项目等产业形态，形成区域优势布局、产业园区集聚、产业信息化等发展趋势。

（三）经济功能、生态功能、社会功能、文化功能相融合

这种业态是近年来农村一二三产业融合发展的重大实践创新，是依托农业资源和乡村民俗、文化等人文资源，将农业与旅游业相融合的产业业态。从本质上讲，这种业态是基于居民在闲暇时间追求休闲娱乐的现实需求，对农业、乡村文化和环境等资源的重新组合和再造。这种业态体现了农业农村经济功能与生态功能、社会功能、文化功能等的相融，不仅有助于发展现代农业生产，还能够拓宽农民就业渠道、传承和发扬乡村文化、打造美丽宜居的乡村生态环境。

二、主体维度：多元经营主体融合

随着我国农业加快向现代农业转型，农业产业微观组织加快创新发展，在小农户的基础上演化出基于分工的农民合作社、农业龙头企业、家庭农场、农业社会化服务组织等新型农业经营主体。从理论维度来讲，专业分工的经济性是推动农村产业微观组织创新发展的主要动力，专业化分工能够促进不同的农业生产经营者专注于自身的主攻领域，提高生产资料使用效率和信息处理能力。这些农业经营主体在农业全产业链上进行合作，基于各自不同职能和优势在农产品从生产到消费之间的诸环节上分工协作，形成利益共享、风险共担的经济共同体。当前，多元经营主体融合主要表现为两大类模式。

（一）"龙头企业+农民合作社+农户"的融合模式

该模式是指农户组成农民合作社，与龙头企业进行产业合作的经营组织形式。合作社承担了龙头企业和小农户之间的中介角色，合作社代表小农户利益，提高了小农户与龙头企业的对话协商能力。同时，龙头企业可以发挥其在搜集市场信息、现代农业设施设备和经营管理理念等方面的优势，经由合作社对农户进行专业化的服务、技术指导和培训，组织农户进行标准化、规模化生产经营。

（二）"股份合作社+新型农业经营主体+农户"的融合模式

该模式是指农户与新型农业经营主体共同入股成立股份合作社，股份合作社在产业链中占据优势地位，并主导种植、加工和销售的经营组织形式。其中，农户以土地经营权、资金、生产资料等入股，成为股份合作社的股东之一，农户在合作经营中的角色发生重大变化，既是生产者，也是合作社股东和决策者，拥有一定的决策权，在共担风险的同时，能够获得分红，并分享农业全产业链利润；龙头企业发挥其自身优势，在经营当中提供生产资料、资金和技术，同时，拥有一定的管理决策权；家庭农场发挥其在规模化、标准化农业生产和多种加工方面的优势；农业社会化服务组织提供繁育、机耕、加工、储存等服务。农户、龙头企业等主体成为利益共同体，农户在生产端发挥劳动、土地密集型领域的组织优势，龙头企业等主体在加工、销售和服务等环节发挥技术和资本密集型领域的组织优势，共同推动产业融合发展利益最大化。

三、要素维度：多种要素融合

我国在近年来着力加强城乡统一要素市场的制度体系建设，完善城乡要素资源自由流动的体制机制，加快补齐乡村产业发展的短板。以制度创新为突破，劳动力、资本、土地、信息、技术等诸要素在农村产业融合发展进程中不断得到整合、配置和优化，多要素之间实现交叉相融。

（一）土地制度改革带动农村一二三产业多要素融合

近年来，我国实施农村承包地"三权"分置改革，释放了土地要素活力。一方面，部分农户的非农化转移，使得其对土地的依赖程度降低、流转意愿提升，从而引起不同主体间重新配置农村承包地使用权的现实需求。这些农户通过流转农村承包地使用权，获得财产性收入。另一方面，这一改革带来的土地要素动能，激励着新型农业经营主体的发展。新型农业经营主体通过流转获得农村承包地经营权，开展适度规模经营，举办适宜的融合类项目。其从事生产经营服务的范围跨涉农村一二三产业，根据市场需求变化，将现代技术、信息和金融等高端要素合理配置于农村一二三产业，促进农业、农产品加工业及农村三产的合理化和高度化发展。

（二）人力资本积累带动农村一二三产业多要素融合

农村一二三产业融合发展，实际上是"以人为主体的要素配置行为活动"，要求产业主体具备较高的现代人力资本。农民通过政府推动开展的新型农民培育工程、高素质农民培育行动等项目培训，加之在与新型农业经营主体的合作中，学习后者在农业生产、技术和信息使用等方面的现代技能，从而提升生产经营方面的人力资本，成长为新型农民。其配置土地、技术和资金等要素的能力也得到提高，在发展产业生产经营中更好地整合多种生产要素，从而实现更高收益。与此同时，各类人才返乡下乡创业，他们不仅具备较高的人力资本，而且在资金、技术、管理等要素方面拥有一定的优势。他们积极投身农村一二三产业融合发展，在此过程中汇集和融合多种要素，不仅提升生产经营服务收益，而且促进产业结构升级。

（三）农村产业链的纵向延伸和横向拓宽，带动多要素融合

从纵向看，农村产业链在融合进程中加快纵向延伸，将农业产前、产中、产后等多领域紧密连接，并串联起生产、加工、流通、存储、营销和消费等多个环节。这就必然要求和推动多种生产要素在产业链上的自由流动、交叉重组和优化配置，在产业链上获得生产要素配置所引起的规模经济。同时，在纵向延伸中表现出多要素融合的态势。从横向看，农村产业融合是农业与农村二三产业的交叉相融，产业界限在融合当中变得模糊，三次产业涉及的领域实现横向拓宽。由此带来多种生产要素加快流动和跨界配置，驱动产生诸多跨越产业界限的融合业态。例如，在"互联网+农业"的融合业态当中，信息、劳动力、技术、知识等多种要素实现跨界配置和紧密相融。此外，近年来农村的文化和生态要素成为城市需要的稀缺性生产要素，驱动乡村休闲旅游业得到快速发展，成为城市居民享受乡村慢生活的一种集多种要素相融的农村新业态。

四、效益维度：多种效益融合

我国农村一二三产业融合发展，不仅带来明显的经济效益，而且产生了社会效益、生态效益，并表现出多效益融合态势。

（一）以经济效益为主的多效益融合

第一，带来宏观经济效益。产业融合的推进使得农村三次产业之间在技术、产品、管理和流程等多方面发生变革和创新。现代产业要素在农村三次产业间加快流动和整合配置，使得产业间的关联方式更为协调，产业结构趋向合理化。与此同时，农村三次产业的交叉重组，培育了生态循环农业、"互联网+农业"、乡村旅游业、创意农业、定制农业等大量融合业态。这些融合业态以市场需求为导向，强调对现代技术的应用，重视要素、组织的集约化，追求产品和服务的多元化、特色化和高附加值，直接带动农村二三产业的发展壮大，带来经济、生态、社会等多重效益。

第二，带来微观经济效益。农村一二三产业融合发展推动了农村产业微观组织结构优化，促进了融合主体增收。各类产业融合主体深入参与融合进程，创新出多种多样的合作经营方式。特别是以利益联结机制为纽带，组成产业经营发展共同体，形成一种相互交融的紧密合作状态，推动组织结构的优化。社会资本理论认为，社会组织中的个体之间的信任、组织网络和规范，推动着他们相互合作，提高组织和社会效率。这些产业融合主体结成的共同体能够发挥各自的优势，畅通信息交流分享，节约交易成本，提升组织行动力和竞争力。他们在经营融合项目过程中，能够获得和分享农村三次产业带来的经济、社会、生态等多种收益。

(二) 以社会效益为主的多效益融合

农村一二三产业融合发展带来了保障农业安全、促进农民就业、改善产业发展基础环境等溢出效益。

第一，保障农业安全。农村一二三产业融合发展，推动了传统农业向现代农业的转型发展，使得农业的基础性和重要性进一步凸显，在政策和实践上都促进了我国夯实农业安全生产基础，提升粮食等重要农产品保供能力。

第二，促进农民就业。农村一二三产业融合发展，壮大了农村二三产业，培育出诸多新业态，为农民进入农村非农产业提供了诸多就业空间和机会，促进其向新型农民转变，增强就业创业技能。随着乡村振兴战略的全面实施，农村一二三产业融合发展的机遇和潜力得到充分释放，吸引了大量农民工返乡就业创业。

第三，改善产业发展基础环境。各地加大培育农村产业融合示范园、产业强镇和特色产业专业村，加强水、电、路、网、住宿等配套设施建设，从而改善农村产业发展的基础环境。

第四，带动贫困地区脱贫。发展产业是实现贫困地区脱贫和发展的长久之策，这就要求贫困地区坚持走融合发展之路，培育融合业态，壮大当地的三次产业。据统计，产业扶贫覆盖了全国90%以上的建档立卡贫困人口。

（三）以生态效益为主的多效益融合

农村一二三产业融合发展带来了对农村生产、生活、生态环境的有益影响。

第一，推动农业、农产品加工业绿色发展。各地在融合进程中坚持绿色发展理念，推动农业由资源消耗的粗放经营方式向绿色、集约、循环的生产方式转变，推动农产品加工业转型升级。

在农业生产环节，各地组织实施耕地轮作休耕，利用节水设备进行精准灌溉，推广采用绿色农业投入品，对秸秆、粪污、地膜及包装等开展科学回收和二次利用，以改善农业产地环境，促进农业绿色发展。

在农产品加工环节，各地着力推动建立低碳低耗循环高效的绿色加工体系，建设农产品冷藏库、烘干房等初加工设施，加强农产品产地初加工，推进绿色高效、节能低碳的农产品精深加工技术应用，提升农产品精深加工和清洁生产，推动农产品加工剩余物资源化利用。这些方面在一定程度上体现了农村产业生态化的趋向。

第二，优化农村生活、生态环境。各地在推动农村产业融合发展时，注重对生态功能的开发，将当地的生态资源优势转化为产业发展优势。各地加大力度对乡村种、养、住等各类空间进行科学规划和综治整理，建设美丽田园、宜居宜业的生活生产空间，同时依托当地的生态资源，发展生态农业、休闲旅游业。这体现了农村生态产业化的趋向，以生态资源来发展融合产业的同时，也优化了生活、生态环境。

第三节　产业协同进化的农村一二三产业的融合

产业兴旺是乡村振兴的重点。要做到产业兴旺，就必须统筹推进产业融合，形成产业集群。产业集群是一个产业群落，与其支撑环境又构成产业生态系统。具有生命力的生态系统往往具有明显的群落特征，如"物种"丰富、竞争充分、共生进化、新奇涌现等；而兴旺发达的产业生态系统，也都具有产业业态丰富、竞争充分、合作共赢、创新发展等特征。生态系统的本质是协同进化，是内部种群（产业）之间、种群（产业）与环境之间的融合共生。可以从协同进化的角度，分析农村产业生态系统如何进行深度融合、协同共生，以探求农村一二三产业融合发展的路径模式。

一、产业协同进化理论

生物界的协同进化，指的是生物种群之间、种群与环境之间建立起来的依存关系，是种群 A 对种群 B 或环境的反应、适应和进化，而种群 B 也会对种群 A 或环境做出反应、适应和进化，继而与相关种群 C、种群 D 等也建立反应、适应和进化的依存关系，从而形成各种群之间、种群与环境之间相互促进又相互制约的协同进化关系。对于产业生态系统而言，各产业之间、产业与环境之间的融合也是建立依存关系，是一种产业对另一种产业的反应、适应和进化，进而后一种产业做出相应的反应、适应和进化，在相互制约中相互促进、协作共赢。要形成整个产业体系的繁荣兴旺，就要加快产业之间、产业与环境之间的协同进化、深度融合。

二、基于协同进化的农村一二三产业发展方向探索

自然生态系统由生产者、消费者、分解者及外界非生物环境四大部分组成。其在协同进化过程中，具体包括竞争物种间的协同进化、捕食者与被捕食者的协同进化、寄生物与寄主的协同进化、互惠互利的协同进化等。同样，深度融合的农村产业生态系统也可以分为一产、二产、三产和支撑环境四大组成部分，其协同进化的过程，也是建立紧密联系、融合协同的过程，包括一二三产业之间的协同融合、产业与消费市场及支撑环境的协同融合。一二三产业协同融合的过程，正是建立互惠互利、共生共融的协同进化关系的过程。相对于自然生态系统协同进化过程中，有捕食、寄生、偏利共生、互利共生等多种协同进化模式，产业生态系统以互利共生的协同进化模式为主。

互利共生的协同进化模式，在自然界也是普遍存在的，如有花植物与传粉昆虫、动物与体内有益微生物等，都属于互惠互利的协同共生模式，双方紧密联系、相互依赖、互惠互利。互利共生的协同进化模式也是农村一二三产业协同发展的主要模式，各产业之间互惠互利，才能合作共赢，持续协同发展。若产业之间没有互惠互利，就难以维持共生关系，无法继续协同发展。所以，建立良好的产业间互生互利机制，对于协同进化、融合发展至关重要。

另外，自然生态系统中的生产者、消费者、分解者之间存在一定的数量关系，这种数量关系构成了动态平衡的生态金字塔。也就是说，在一定的生态环境里，生产者、消费者、分解者之间的数量关系是动态平衡的，一定数量的生产者，能够支撑起相应数量的消费者，而两者共同支撑着相应数量的分解者。这种数量关系可以采用生物量单位、能量单位和个体数量单位

来表达，不同群落的生态系统会表现不同的生物量金字塔、数量金字塔和能量金字塔形状，也就是说具体的数量关系有差别。同样，在农村产业生态系统中一产、二产、三产及消费者市场之间，也存在一定的数量关系，这个数量关系也会因产业群落的不同而表现出不同的金字塔形状。

第七章　推进一二三产业融合发展

第一节　发展多类型农村产业融合方式

一、着力推进新型城镇化

（一）城镇化与新型城镇化的概念

城镇化是指非农业经济在社会占比的不断提高导致社会结构的整体转变。"城镇化"主要表现在以下几个方面：城市人口的增加；城市传统文化的丰富；服务业和旅游业等产业的快速发展；城市面貌的变化和城市面积的增长。如果城市得到充分发展，还将对周边地区的发展起到带动作用，树立该地区良好的经济文化意识，促进周边地区城镇化的发展。

新型城镇化概念是在旧的城镇化基础上衍生的，更进一步要求提高质量，将以前以扩张为主的目标转变为以科学的理念来设计城镇化建设。由我国新型城镇规划内容可以看出，要实现新型城镇化，就要实现人与人之间的协同发展，坚持以人为本。新型城镇化的内涵主要可以概括为 3 个方面：一是新型城镇化以人民为中心，使人民享受到平等的社会服务。二是新型城镇化强调科学、协调发展，城乡统筹规划，共同发展。三是新型城镇化强调绿色、可持续发展，注重生态保护。新型城镇化有 6 个基本特征，即城乡统筹、城乡一体、产业互动、节约集约、生态宜居、和谐发展。推动新型城镇化就是推动城乡融合发展。立足城乡统筹，不放弃农村建设，致力于缩小贫富差距，实现城乡协同发展。因此，发展新型城镇化不是放弃农村，而是更好地发展农村。

(二) 开展新型城镇化战略的必要性

1. 新型城镇化是乡村振兴的重要途径

产业振兴为乡村振兴奠定基础，城乡产业融合是新城市的主要任务，产业和农村资源的自由流动是最终目标。我们可以通过增加城市、增加农业活动、尝试从事非农业工作及缩小它们之间的劳动力差距来提高农业价值。新型城镇化将为乡村振兴战略提供重要支持。

2. 新型城镇化是乡村振兴的联合引擎

结合产业和城市建设的全面发展，从跨境到农村，融合一二三产业，完善产业农村一体化发展体系。新城区的建设，不仅可以实现农村与大、中、小城镇之间资源的运行和整合，而且可以促进农村经济的发展。这不但促进了城市发展，还振兴了农村地区。因此，新型城镇在乡村振兴中发挥着重要作用。

3. 乡村振兴是新型城镇化的必然结果

市民是新城市的基础，共享是新城市的主要目的。确保农民工获得城市地位，得到与城市人口同等的关怀。这将彻底改变我国城市人口流动的问题。在一些地方，可以根据实际情况发展小城镇，以实现城市更多农民工的目标。城乡产业也是重要的城市目标。产业融合可以为农业发展节约能源，实现城市一体化和农业现代化。

(三) 新型城镇化和城乡融合发展对策

1. 提高城市群和城镇发展质量

构建世界级、国家级和区域级三级城市群体系，按照综合承载能力、开发强度和发展潜力标准，合理划定城市增长边界，优化空间布局，确定生产、生活和生态空间，明确城镇功能定位，提高城镇发展质量。推动区域一体化发展，不断增强城市群对农业转移人口的吸引力和承载力，使之成为推进新型城镇化的主体形态和吸纳新增城镇人口的核心载体。

2. 构建科学合理的城镇化格局

在规模格局上，优化提升中心城市功能，加快中心城市转型升级，充分发挥其引领带动作用。积极培育中小城市和特色城镇，有序推进设市工作，强化公共服务和产业支撑，促进大中小城市和小城镇网络化发展。在空间格局上，着力抓好中西部尤其是老少边穷地区城镇化，加快城镇棚户区和城乡危房改造，积极培育一批新增长点、新增长极、新增长带，提高城镇的吸引力、承载力和产业支撑能力。

3. 加快农业转移人口市民化

进一步完善农业转移人口市民化的成本分担和利益协调机制。一方面，全面深化户籍制度及配套改革，完善城乡建设用地增减挂钩、人地钱挂钩机制及相关配套政策，促进符合条件的农业转移人口尽快落户城镇。另一方面，加快城乡基本公共服务均等化步伐，扩大居住证享受公共服务的范围，并逐步与户籍制度并轨，实现城镇基本公共服务常住人口全覆盖，最终实现市民化与城镇化同步。

4. 降低城镇化的资源环境成本

从根本上改变发展方式粗放、可持续性差、资源环境成本高的城镇化模式，坚持生态优先、绿色发展，统筹协调城镇化与资源环境的关系。全面推进节能、节水、节地、节材工作，大幅降低城镇化进程中的资源消耗和"三废"排放，提高资源配置和土地利用效率。推进低效产业用地再开发，走资源消耗低、环境友好、集约高效的绿色城镇化道路。

5. 完善城乡融合发展体制机制

实行新型城镇化与乡村振兴联动，加快农村承包土地和宅基地"三权"分置改革，完善进城落户农民农村"三权"自愿有偿退出机制和资本化途径，构建城乡统一的户籍登记、土地管理、就业管理、社会保障制度等公共服务和社会治理体系，促进城乡要素、产业、居民、社会和生态全面融合，推动城镇公共服务向农村延伸，使城市与乡村成为一个相互依存、相互融合、互促共荣的共同体。

6. 拓宽城乡融合发展融资渠道

大力推进农村金融创新，完善农村金融体系，适当增加农业政策性银行。农村金融服务机构要加大对农民工返乡创业的信贷支持力度，要明确将"取之于农"的存款按照一定投放比例"用之于农"。为农民贷款申请和发放提供可靠的依据，进而降低门槛，提高授信额度。

二、加快农业结构调整

以农牧结合、农林结合、循环发展为导向，调整优化农业种植养殖结构，加快发展绿色农业。建设现代饲草料产业体系，推广优质饲草料种植，促进粮食、经济作物、饲草料三元种植结构协调发展。大力发展种养结合循环农业，合理布局规模化养殖场。加强海洋牧场建设。积极发展林下经济，推进农林复合经营。推广适合精深加工、休闲采摘的作物新品种。加强农业标准体系建设，严格生产全过程管理。

三、延伸农业产业链

农业产业链是整个乡村振兴中最重要的发展环节，在当前的现实情境下，可以通过构建农业全产业链，以拓展和延伸产业链、推动农民进入产业链、促进产业链协调顺畅、多种形式发展产业链组织为原则，以农业全产业链为纽带，建设服务社会、加速流通、减少环节、降低成本的投融资、电子商务、信息服务、物流配送等为一体的供应链生态系统，以三产融合作为依托，整合出适应当前发展的模式。

四、大力发展农业新型业态

实施"互联网+现代农业"行动，推进现代信息技术应用于农业生产、经营、管理和服务，鼓励对大田种植、畜禽养殖、渔业生产等进行物联网改造。采用大数据、云计算等技术，改进监测统计、分析预警、信息发布等手段，健全农业信息监测预警体系。大力发展农产品电子商务，完善配送及综合服务网络。推动科技、人文等元素融入农业，发展农田艺术景观、阳台农艺等创意农业。鼓励在大城市郊区发展工厂化、立体化等高科技农业，提高本地鲜活农产品供应保障能力。鼓励发展农业生产租赁业务，积极探索农产品个性化定制服务、会展农业、农业众筹等新型业态。

五、引导产业集聚发展

产业集聚是当今世界经济中颇具特色的经济组织形式，是相同或相近产业在特定地理区域的高度集中、产业资本要素在特定空间范围的不断汇聚过程。产业集聚促进了区内企业组织的相互依存、互助合作和相互吸引，一方面，产业集聚有利于降低企业运营成本，包括人工成本、开发成本和原材料成本等，因而有利于提高企业劳动生产率，有利于提升企业竞争力；另一方面，集聚体内企业之间的相互作用，可以产生"整体大于局部之和"的协同效应，最终有利于提高区域竞争力，促进区域创新发展。

第二节　农村产业融合发展助推县域经济增长

一、产业融合、产业结构升级和县域经济增长

产业结构升级能够通过增强自身竞争力和劳动生产率，进

而实现经济增长。已有研究表明，县域生产总值中约有 4.4% 的份额来自产业结构红利，产业结构的优化对县域生产总值增长的贡献达到 24.35%。农村产业融合依托于农业，通过引进二三产业的资本和技术等生产要素，实现产业结构的整体升级。依据现实情况而言，农村产业由于其自身的自然资源有限性、供求缺乏弹性以及市场刚需等弱质性，在与二三产业成本收益的比较中始终处于劣势。因此，产业融合通过增加农业与二三产业的联系，能够赋予农业新的活力，成为现代化农业发展的必然趋势。

二、产业融合、城镇化水平提高和县域经济增长

城镇化水平的提高有助于经济增长。随着城镇化率的提高，农村剩余劳动力向制造业和服务业转移，优化了要素配置效率。同时，城镇群体的扩大，增加了消费、公共设施和服务等的需求，进而为经济转型和社会发展提供了源源不断的动力。而农村产业融合则加速了自身与新型城镇化的有机结合、联动发展。具体而言，近年来，受到政策调整和制度改革激励，农业加快自身的纵向延伸，通过农业产业化，实现了农工贸一体化发展。另外，农业与二三产业的横向融合发展，不断催生了农产品电商、休闲旅游和康养农家乐等多种新型农村形态。农村产业的纵向延伸和横向融合，有利于形成一批以农产品加工、销售、物流以及休闲旅游业等为特色的小城镇和产业园区，提供更多就业岗位，一定程度上缓解了农民工结构性失业问题，同时对农村剩余劳动力，尤其是妇女和老年劳动力等弱势群体，就地就近工作提供了产业支撑。此外，农业与高新技术、信息技术的融合发展，打破了农村相对封闭的状态，增加了城乡交流频次，促进了农民生活、生产观念的城镇化和现代化，为城乡一体化水平的提高提供了不竭动力。

第八章　农村一二三产业融合
发展的机制与路径

第一节　农村一二三产业融合发展的动力机制

一、经营主体创新为农村产业融合发展提供创造力

经营主体创新从内生动力上支撑着农村产业融合发展，其衍生路径可以概括为：从经营主体类型创新到经营主体间的合作创新，再到推动产业融合发展。农村产业经营主体大致上可分为两类：一是在乡的家庭经营农户（或称小农户）和新型农业经营主体；二是下乡返乡的经营主体。

（一）在乡经营主体创新推动农村产业融合发展

新时代以来，中央层面提出加快培育新型农业经营主体，推动构建新型农业经营体系。新阶段，我国农村经营主体格局发生重大变化，由前一阶段的家庭经营农户占主导，转变为农业企业、农民合作社、家庭农场、小农户等多类型经营主体共同发展。在此过程中，包括家庭经营、集体经营、合作经营、企业经营在内的复合型现代农业经营体系逐渐得以完善。

这一变化反映出我国农村产业经营主体的类型创新，在经营主体维度推动农村产业融合发展。

（二）下乡返乡经营主体创新推动农村产业融合发展

下乡返乡经营主体指的是农民工、大中专毕业生、退役军

人、科技人员等到农村从事产业经营的群体。近年来，下乡返乡经营主体抓住乡村产业振兴机遇，在农村举办各类融合项目，推动农村产业融合发展。一方面，中央和地方基于推动乡村振兴和城乡融合发展等目的，大力支持上述各类主体下乡返乡开展产业经营，增强农村产业发展动力。另一方面，这些主体认识到农业农村资源在城乡居民消费需求升级背景下所显现的稀缺价值，以及农村产业融合发展的难得机遇，表现出参与农村产业发展的强烈意愿。下乡返乡经营主体在经营理念、资金积累、技术专长和市场渠道等方面具备一定优势。他们根据市场需求，深入开发农业农村资源，将经营领域从农业生产拓展至农村二产和三产，推动生产要素在三次产业之间优化配置，创办诸如特色种养、加工流通、休闲旅游等融合业态，同时依托生产基地优势和流通仓储优势，探索发展"生鲜基地+冷链物流""中央厨房+食材冷链配送"等经营模式。在创办项目过程中注重与小农户合作经营，建立"订单收购+分红""农民入股+保底收益+按股分红"等多种合作模式，促进当地农民收入提升、素质提高和观念更新。他们在生产经营中集成应用农业先进技术，提升农业机械化水平，加强信息技术使用，注重产品质量安全，还带动了农村基础设施和人居环境的改善。总而言之，下乡返乡经营主体带来的新变化新动能，带动了不同经营主体间的合作创新，推动了农村产业融合发展。

二、技术创新和政策创新为农村产业融合发展提供驱动力

（一）技术创新驱动农村产业实现融合发展

技术创新下，替代性或关联性技术在不同产业之间扩散融合，使产业间有了共同的技术平台，引发不同产业之间的产品融合、业务融合和市场融合，使产业边界模糊乃至产业界限被重新划分，从而出现产业融合现象。就农村产业领域而言，技

术创新打破了农村三次产业之间的技术壁垒，使其有了通用技术，进而逐渐消融了原有的产业边界，促成了产业融合发展。

当前，以信息技术和生物技术为代表的现代技术创新，为农村产业融合发展提供了强劲的驱动力。

一方面，互联网、大数据等现代信息技术加快扩散渗透于农村三次产业当中，引起农业生产、加工、流通、销售和服务等多环节之间的融合，进而催生出跨界融合的新产品、新服务和新业态，满足日益升级的市场需求。现代信息技术使得农业与农产品加工业、现代物流、电子商务等服务业之间可联可控，推动其融合发展。依托现代信息技术优势，消费者需求和偏好等数据可以准确及时传递到农产品和服务供应链各环节，引导农村产业经营主体按照消费者需求组织生产、加工和流通，以及质量追溯等。现代信息技术深刻地改变了农业生产和服务方式，实现农业生产的实时监测和全方位的农业信息技术支撑。现代信息技术和农产品加工业生产过程的融合推动了拣选、加工、包装等智能制造设备的研发应用，增强了安全生产风险可控性和质量追溯准确性。信息技术与农村产业的融合不仅连通了农村产业的诸多环节，还催生了数字农业、智慧农业等融合业态，这些融合业态的成长又进一步推动农村产业加深融合。

另一方面，生物技术育种、基因工程、发酵工程、生物饲料和生物农药等现代生物技术应用于农业生产及相关产业领域，推动了产业融合发展。现代生物技术应用于农业，不仅能够提高农业产量、品质、抗性，还推动科技研发与农业生产融合，加快培育和推广优质、高产、多抗的农业新品种，以及生物农药、生物饲料等绿色农用生物产品。现代生物技术促进农业加快从动物、植物"二维结构"为主向动物、植物、微生物并重的"三维结构"转变，还推动农业与农产品加工业的融合互动，在生物燃料加工、农产品及原料综合加工利用等方面展现出良好前景。在农业中应用现代生物技术，强调绿色循环生态导向，通过培育有利于农作物生长的土壤和农田生态环境，用生物学方法防治有害生物，进而改善农业与环境的关系，提升农业生产潜能，产出绿色、高效、安全的农产品。同时，增强了农业的生态功能，提升了农业的生态价值，促进农业与相关产业的融合，推动了观光农业等融合业态的发展。

（二）制度创新驱动农村产业实现融合发展

制度创新是指制度创新主体（包括个人、团体和政府）为获得更多追加利益而推动的对现存制度的积极变革。就农村产业而言，政府顺应和把握产业融合发展的客观趋势，推动有关制度创新，促进城乡要素合理流动，加快农村土地、资金等各种资源有效整合，从制度上支持农村产业融合发展。一方面，创新直接扶持农村产业融合发展的制度。另一方面，创新支持农村产业融合发展的间接引导制度。我国政府推进完成了农村承包地"三权"分置改革，在产权上明确了农户的承包权和经营权，支持农户按照相关规定来流转承包地经营权。这项改革激活了农村土地要素活力，规范了农村承包地流转，从土地要素上支持了农村产业融合发展的现实需求。一系列关于加快培育新型农业经营主体的制度支持这些主体成长和发展，引导他们发挥各自优势举办农村产业融合发展项目，创新促进了农村产业融合发展主体队伍的壮大。关于支持返乡下乡人员创业创新的制度改革，支持各地农村完善创新创业环境，引导这些人才利用各自优势发展融合类项目。"互联网+农业"、数字农业农村等创新制度，引导互联网技术、数字技术等现代信息技术加快向农业农村渗透，以现代信息技术的动能优势促进农村产业融合发展。此外，农村产业融合发展主体推动的经营组织制度创新，能够深挖经营潜能，促进互惠共赢，在经营层面推动农村三产融合发展。农村产业融合发展主体在提高竞争力、获得更高产业收益的目标激励下，创新经营组织制度，结成农业产业化联合体、田园综合体等联结更紧密、涉足业态更多、地域范围更广的经营组织联盟，从而能够更广泛、深入地探索产业融合的具体实践方式。

三、消费升级和市场拓展为农村产业融合发展提供牵引力

我国城乡居民消费升级，激活了对高品质农产品和服务的旺盛消费需求，牵引着供给侧的农村一二三产业加快融合发展，持续延伸产业链条，培育融合业态。与此同时，日益壮大的中等收入群体、信息技术向农村产业渗透等多重因素共同拓展了农产品和服务市场，对农村产业融合发展发挥了重要牵引作用。

（一）消费升级牵引农村产业融合发展

随着我国城乡居民收入持续增长，城乡居民实现消费升级，总体消费模式从聚焦解决吃穿的温饱型消费模式转变为新时代以来的追求发展型消费和享受型消费。从农产品消费来讲，人们在饮食上越来越注重营养与健康，越来越偏好消费绿色、安全、质量好的农产品。这就要求农村产业融合发展主体加强对农业全产业链的品质管控，在农业生产环节重视和加强绿色生产，使用生态环保优质的农业投入品，提升农产品品质；在农产品加工环节，从简单的初加工向精深加工转变，开发品类多样、个性化的农产品加工品；在销售运输环节，重视农产品的保质保鲜。在互联网通信技术普及、交通便捷的时代背景下，越来越多的消费者从农产品的消费端延伸到生产端，参与到体验农业当中，利用通信软件及时关注农作物的生长状态，通过在线平台将其个性化农产品需求传输给农产品加工经营者，以实现定制化农产品消费。随着我国城乡居民收入的提高，逐渐出现劳动供给曲线向后弯曲的情况，收入效应大于替代效应，城乡居民在劳动和闲暇的选择上逐渐偏向于后者，追求更多的

闲暇时间，进而增加消费需求；同时，逐渐注重服务消费、精神文化消费，向往农村的田园风光、绿水青山、乡土文化、民俗风情，对乡村健康养生、文化休闲、旅游观光、科普教育等方面的消费呈现加速增长之势。这牵引着农业与旅游、文化、康养、教育等产业加快融合，促进了农业+旅游、康养、文化、教育等多种融合业态的快速发展。

（二）市场拓展牵引农村产业融合发展

我国城乡居民消费升级，引起消费需求多样化、个性化和品质化的变化，带动拓宽了消费市场，牵引着农村产业融合发展，使得不同的农村产业融合发展主体聚焦和深耕消费细分市场，在不断取得更高收益的同时，扩大农村产业融合发展的市场规模。

一方面，中等收入群体带动拓展了农产品和服务消费市场，进而加快了农村产业融合发展。在农产品和服务消费上，我国中等收入群体更加注重农产品质量，偏好具有文化内涵和创意的农产品，追求个性化消费，喜爱小众品牌和定制化商品；追求高端化消费，注重消费体验，更为青睐精品乡村旅游、健康养生、文化休闲；追求绿色化消费，倾向选择绿色餐饮、绿色购物、绿色旅游等高效、环保的农产品和服务。我国中等收入群体的消费特点及其代表的巨大消费市场牵引着农村产业融合发展，要求农村产业加快供给侧结构性改革，加强农业生产、产品加工、商贸物流、休闲农业、乡村旅游等交叉融合，在农产品和服务上体现高品质、个性化、多功能等特性。当前，我国中等收入群体在总体规模上具备较强的成长性，能够不断拓展在农产品和服务上的超大规模消费市场，从而为农村产业融合发展提供持久的市场需求动力。

另一方面，信息技术进步带来消费形态变化，有力拓展了农产品消费和服务市场，带动农村电商及相关产业的融合发展。

信息技术的进步改变了消费者的单一线下消费习惯，加快了我国线上消费市场的形成和拓展。

四、基础设施和公共服务为农村产业融合发展提供支撑力

（一）日益完善的基础设施为农村产业融合发展提供重要支撑

农村基础设施建设不仅关系产业发展的成本和风险，而且关乎新业态的培育。为农村产业融合发展提供支撑力的基础设施可以分为两类：一是与产业发展直接相关的设施；二是与产业发展间接相关的设施（主要是农村公共基础设施）。

一方面，产业设施平台的建设健全支撑产业融合发展。当前，农村产业融合的设施平台主要有现代农业产业园、农产品加工园、农村产业融合发展示范园、农村创新创业园区等。这些设施平台在集约整合各种要素、联通应用先进技术、多方拓展市场、统筹协调经营主体等方面具备明显优势，有助于跨界举办产业融合类项目，促进园区所在农村区域的产业融合发展。高标准农田建设设施、农村水利基础设施是农业实现优质高产高效的源头保障，这些设施的完善有助于夯实产业融合的一产基础。在农产品流通环节，通过健全储藏、保鲜等物流仓储基础设施，以及与产品交易直接相关的信息服务、电子结算等基础设施，能够推动解决农产品产销遇到的物流梗阻，打通购销两端，方便产地和消费者之间的联系，促进产业融合发展。通过建设农业科技服务网络平台，提供农业科技创新、转化、推广等服务，能够强化科技赋能农业发展的作用，促进农业生产提质增效，推动农业与相关产业的融通。

另一方面，农村公共基础设施的完善促进了产业融合发展。水、电、气、公路、公共卫生间、生产生活污水收集处理设施、信息基础设施等农村公共基础设施的完备情况关系农村产业融合发展的营商环境，着力完善这些基础设施，使农村投资兴业

的经营主体能够享用到当地便捷、舒适的公共设施，可以增强农村产业融合发展的吸引力。

（二）综合化的公共服务为农村产业融合发展提供支撑力

一是信息服务，政府搭建农村综合性信息化服务平台，提供电子商务、土地流转、乡村旅游、农业物联网、价格信息、公共营销等服务，推动农业公共信息资源的跨部门、跨地区、跨行业互联、互通、共享，有助于提升土地流转管理、农业生产加工等的信息化服务水平，支持各类产业融合主体开展电子商务、网上学习、即时交流，促进农技、产品等成果的转化，以及各种信息服务的对接。

二是培训服务。新型农民是参与农村产业融合发展的主要力量之一。政府围绕新型农民培育，搭建综合业务平台系统、人员信息管理系统，能够为各类新型农民提供信息登载、更新等服务。政府通过购买等方式提供新型农民培育、高素质农民培育等公共培训服务，能够推动广大农民提升生产经营技能，提升他们参与产业融合发展的增收能力。

三是农技指导服务。基层农技推广部门围绕农业生产，开展综合种养、秸秆还田、病虫害防治等优质、增效的公益性农技推广服务，能够提升农业经营主体的科学生产水平，促进现代农业发展，夯实产业融合的一产基础。

四是创业指导服务。为农村各类创业人员提供创业指导服务，有助于他们深入参与农村产业融合发展进程。农村创业人员举办产业融合项目既离不开政府部门提供创业项目、政策咨询、技术指导、市场营销、品牌培育等指导服务，又需要发挥农村创业导师指导作用，利用集中教学、案例讲解、实地指导等方式，为农村创业人员提供经营、技术、营销等方面的精准服务，还依赖于乡村产业服务指导机构和行业协会商会的桥梁和指导作用。

五是金融服务。通过健全以商业性、合作性和政策性、开发性金融，以及信贷担保等为重要内容的多层次农村金融服务体系，汇聚各类金融资源，支持产业融合主体发展融合项目。此外，农村教育、医疗卫生、社会保障、养老、文化体育等公共服务水平的提升，有助于发挥公共服务对农村产业融合发展的支撑作用。

五、提升农村产业融合发展的动力

（一）强化经营主体共同参与性，提升产业融合的创造力

第一，健全新型农业经营主体的良性成长机制，提升经营能力。鼓励农业龙头企业、农民合作社、家庭农场等经营主体在参与产业融合经营过程中加强分工合作，增强在经营管理、规模种养、市场信息、技术应用等方面的常态化交流共享。支持各经营主体探索在产业融合经营中建立更为紧密更为平等包容的合作关系，降低维护合作关系的成本，以实现更为持久的合作。

第二，发挥农村基层组织的服务优势，增强返乡下乡人才参与产业融合的适应性。农村基层党组织处在引领本地产业发展的最前线，要更好地发挥其人脉网络、营商服务等优势，帮助返乡下乡人才扎根当地经营产业融合项目。建议返乡下乡人才增强与当地股份经济合作社、集体经济组织的经营合作，依托这些组织的本地优势，共同举办产业融合经营项目。

第三，增强小农户参与产业融合的经营能力。依托政府组织的公益培训，提升小农户的经营理念、技术技能。支持新型农业经营主体在产业融合合作中通过培训交流、技术指导等方式，向小农户传递现代市场经营理念，提升其农业技术应用能力。

（二）打通技术和制度创新应用的堵点，增强产业融合的驱动力

其一，充分发挥技术创新的驱动作用。加快补齐农村产业应用数字技术的网络基础设施短板，完善乡村 5G 基站、光纤宽带等设施布局。推动农业产业数字化，增强农业数据的集成和分析应用，利用数字技术改造提升农业产业，促进生产经营智慧化数字化，夯实产业融合的基础。支持农业龙头企业等经营主体加快数字化转型，拓展数字技术用于融合业态的应用场景。创新技术推广方式，运用短视频等传播工具，将技术操作应用的知识和步骤以通俗易懂、生动直观的方式呈现给农户等经营主体，增强其参与融合经营的技术适应性。支持农产品加工企业加快技术装备升级，推广应用品质调控、非热加工、高效杀菌等加工技术，提高农产品深加工、综合利用加工能力，提升产品附加值，增强联农带农作用。

其二，加强农村产业融合发展的制度创新供给。聚焦产业融合发展实际需求，进一步增强有关土地、资金、电、水等要素的制度创新支持力度，引导各类经营主体稳定参与培育融合业态。引导金融机构完善金融服务，创新金融产品，以项目贷、一二三产业融合贷款等方式增强对经营主体开展融合业态经营的信贷支持。着力完善人才支持制度，增强政策资金激励、金融服务、生活保障等公共服务水平，吸引中青年农业经营主体、电商经营者、大学毕业生等人才参与当地融合业态发展。

（三）加强供给高品质农产品，更好激活产业融合的牵引力

其一，抓准地域特色，培育具有竞争力的农产品。各地在发展现代农业过程中，要深入把握本地区的农业资源禀赋，着力做精做强当地农业产业，培育特色农产品，避免陷入同质化恶性竞争。

其二，加快补齐农产品电商产业短板。着力完善农村县乡村三级电商服务体系，更好地服务各类经营主体开展电商经营。要加快发展农产品冷链物流，完善农产品仓储保鲜设施布局，培育具备"产储运加"综合实力强的农业龙头企业，支持新型农业经营主体提升鲜活农产品仓储加工能力。

其三，深入开发农业多功能，培育高品质农业融合业态及产品。激活农业的生态、文化等功能，推动农业与旅游、康养、教育等产业的融合发展，依托本地区农业资源特色，培育精品农旅旅游线路、品牌衍生产品；挖掘具有地域特色的农耕文化，开发农业文化基地。

第二节　农村一二三产业融合的路径

一、健全产业融合的政策体系

围绕产业融合发展的目标，加强政策和制度建设，明确政策支持重点，增强政策的系统性、精准性、有效性。特别要围绕基础设施和公共服务平台建设、新型农民和新型农业经营主体带头人培育、技术装备水平提升、农业资源保护和废弃物资源化利用等方面，创新规划、用地、财税、信贷、保险等政策制度，加大支持力度。大力打造产业融合发展平台，推进政策衔接，整合项目资源，推动农产品全产业链发展。

二、不断夯实产业发展基础

拓展农业功能，提升技术、信息、管理等要素催化能力，充分挖掘农业农村资源的价值优势，推动农业与休闲旅游、饮食民俗、文化传承、健康养生等产业的融合。要以市县为单位，因地制宜，积极引导产城融合，促进产业集群发展，着力推进技术渗透、要素集聚、企业集中，打造产业融合带头企业，带动产业链向前向后延伸，发挥产业融合引领作用。

三、努力培育多元化产业融合主体

加快培育新型农业经营组织的发展，鼓励和支持家庭农场、专业合作社、协会、龙头企业、农业社会化服务组织以及工商企业，开展多种形式的农村产业融合发展。鼓励新型经营主体探索融合模式，创新商业模式，培育知名品牌。在工商登记、土地利用、品牌认证、融资租赁、税费政策等方面给予优惠待遇。

四、积极支持发展多种类型的产业新业态

探索"互联网+现代农业"的业态形式，推动互联网、物联网、云计算、大数据与现代农业结合，构建依托互联网的新型农业生产经营体系，促进智能化农业、精准农业的发展；引入历史、文化、民族以及现代元素，对传统农业种养殖方式、村庄生活设施面貌等进行特色化的改造，鼓励发展多种形式的创意农业、休闲农业、农家乐、乡村旅游；利用生物技术、农业设施装备技术与信息技术相融合的特点，发展现代生物农业、设施农业、工厂化农业；支持发展农村电子商务，鼓励新型经营主体利用互联网、物联网技术。

五、健全和完善农村产业融合发展的利益协调机制

在农村一二三产业融合中，要重视建立互惠共赢、风险共担的利益协调机制，因为这是保障农民增收致富的关键所在。因此，要不断完善订单农业，进一步规范合同内容，严格合同管理，以此来保障农民的合法利益。同时，积极推广股份制和股份合作制，鼓励有条件地区开展土地和集体资产股份制改革，将农村集体建设用地、承包地和集体资产确权分股到户，支持农户与新型经营主体开展股份制或股份合作制。另外，鼓励产业链各环节连接的模式创新，引导新业态发展，支持新型经营

主体和农民利用互联网+、金融创新建立利益共同体，实现创收增收。

六、发挥人才对产业融合的支撑作用

要不断提升人力资本水平，培养新型农民和新型农业经营主体带头人，支持鼓励农民工返乡、能人下乡创业创新，积极引导科技人才、管理人才参与农村一二三产业融合发展，提升整体人力资本水平。大力促进技术集成应用，不断提升融合发展技术装备水平，探索和推广信息技术与生产、加工、流通、管理、服务和消费各环节的技术融合与集成应用模式。积极创新新型农业经营主体联结方式，发挥优势、强强联合，增强示范带动能力，健全农业社会化服务体系，通过就业带动、保底分红、股份合作等多种形式，推动小农户融入产业融合链条。

七、提升公共服务水平

积极打造服务平台，依托农村一二三产业融合发展集聚区、优势区和实力主体，加大财政支持力度，组建研发、开发中心等，打造一批标准高、服务优、作用强的公共服务平台。切实提高服务水平，培养引进专业服务管理人才，高质量开展政策咨询、政务宣传、区域品牌推广、农产品市场与价格信息提供、人才推介、质量监管等公共服务。在技术、人才、标准开发上多做工作，加大项目资金支持力度，提升公共服务水平，健全和完善农村一二三产业融合发展服务体系。

第九章 农村一二三产业融合发展体系的构建

第一节 农村一二三产业融合发展的产品体系

一、产业融合九大建设工程

（一）粮食单产提升工程

以单产提升带动总产增长，遴选培育规模种粮家庭农场、农民合作社，带动提升单产水平。实施整县整建制单产提升项目，开展良田、良种、良法、良机、良制"五良"技术集成融合。

（二）高标准农田建设工程

以耕地地力提升提高粮食综合生产能力，新建改造高标准农田，新增恢复水浇地。在粮食主产区扩大整体推进试点范围。

（三）现代设施农业增效工程

以生产设施升级改造确保重要农产品稳定安全供给，发展设施园艺，新改扩建大型规模养殖场，建设一批产地冷链集配中心和烘干中心。

（四）产业融合提效工程

以产业联动功能融入提高农业综合效益，创建国家现代农业产业园，创建国家级产业集群和一批国家级农业产业强镇，创建培育一批农产品加工强县、农产品加工园区和龙头企业。线上线下同步宣传推广地区品牌，提升品牌知名度和竞争力。

（五）和美乡村示范工程

以乡村建设、乡村治理推动农村更加宜居和美，建设精品示范村、提档升级村，所有行政村开展人居环境整治。

（六）集体经济壮大工程

以村集体经济实力提升促进农民共同富裕，稳步推动精品示范村、提档升级村集体经济年收入分别达到 50 万元、30 万元以上。基本消除集体经济组织收入在 10 万元以下的村，30 万元以上的村达到 50%。

（七）入户走访暖心工程

以走访群众解决问题促进扶贫政策落到实处，组织省市县乡村五级帮扶人员开展"入户大走访"，每月遍访监测户、每季度遍访脱贫村所有农户。

（八）产业帮扶带动工程

以帮扶产业长足发展促进脱贫群众生活更上一层楼，支持经济薄弱村发展新型农村集体经济项目。

（九）务工就业托举工程

以就业渠道拓宽带动脱贫地区农民增收，支持就业帮扶车间稳定运营，吸纳脱贫劳动力。实施"一县一品牌"劳务培育，打造一批有带动力的劳务品牌。

二、农旅融合的十二类产品

农旅融合产品可分为十二类，包括田园综合体、农业主题公园、休闲农业、文化创意农园、田园小镇、农业研学基地、休闲乡村旅游、现代农业产业园、农业康养基地、乡村民宿、主题牧场和高科技农业示范园。

三、构建利益联结机制

强化龙头企业引领，健全联农带农机制，强化人员技能培训，不断提高农民务工组织化程度和工资性收入水平，做好巩固拓展脱贫攻坚成果同乡村振兴的有效衔接。要补齐农村短板，不断推动基础设施向农村延伸、公共服务向农村覆盖、资源要素向农村流动，建设宜居宜业和美乡村。要发挥村党支部书记等基层干部作用，全面夯实基层基础，持续改进乡村治理，积极做好群众思想工作，动员群众、发动群众、依靠群众，激活群众参与乡村振兴的内生动力。要整合优质资源，找准景区主题，加强整体设计，避免重复建设，完善服务体系，提升品牌价值，在产业生态化和生态产业化上下功夫，实现生态价值和经济价值的有效转化。要构建多主体利益联结共赢机制，谋划建设优质旅游服务平台，降低企业经营成本，提升旅游服务水平，打造农文旅融合引领产业化发展新模式。

第二节　农村一二三产业融合的服务支撑体系

一、搭建公共服务平台

以县（市、区）为基础，搭建农村综合性信息化服务平台，提供电子商务、乡村旅游、农业物联网、价格信息、公共营销等服务。优化农村创业孵化平台，建立在线技术支持体系，提供设计、创意、技术、市场、融资等定制化解决方案及其他创业服务。建设农村产权流转交易市场，引导其健康发展。采取政府购买、资助、奖励等形式，引导科研机构、行业协会、龙头企业等提供公共服务。

二、创新农村金融服务

发展农村普惠金融，优化县域金融机构网点布局，推动农村基础金融服务全覆盖。综合运用奖励、补助、税收优惠等政策，鼓励金融机构与新型农业经营主体建立紧密合作关系，推广产业链金融模式，加大对农村产业融合发展的信贷支持。推进粮食生产规模经营主体营销贷款试点，稳妥有序开展农村承包土地的经营权、农民住房财产权抵押贷款试点。坚持社员制、封闭性、民主管理原则，发展新型农村合作金融，稳妥开展农民合作社内部资金互助试点。鼓励发展政府支持的"三农"融资担保和再担保机构，为农业经营主体提供担保服务。鼓励开展支持农村产业融合发展的融资租赁业务。积极推动涉农企业对接多层次资本市场，支持符合条件的涉农企业通过发行债券、资产证券化等方式融资。加强涉农信贷与保险合作，拓宽农业保险保单质押范围。

三、强化人才和科技支撑

加快发展农村教育特别是职业教育，加大农村实用人才和新型职业农民培育力度。加大政策扶持力度，引导各类科技人员、大中专毕业生等到农村创业，实施鼓励农民工等人员返乡创业三年行动计划和现代青年农场主计划，开展百万乡村旅游创客行动。鼓励科研人员到农村合作社、农业企业任职兼职，完善知识产权入股、参与分红等激励机制。支持农业企业、科研机构等开展产业融合发展的科技创新，积极开发农产品加工储藏、分级包装等新技术。

四、改善农业农村基础设施条件

统筹实施全国高标准农田建设总体规划，继续加强农村土地整治和农田水利基础设施建设，改造提升中低产田。加快完善农村水、电、路、通信等基础设施。加强农村环境整治和生态保护，建设持续健康和环境友好的新农村。统筹规划建设农村物流设施，逐步健全以县、乡、村三级物流节点为支撑的农村物流网络体系。完善休闲农业和乡村旅游道路、供电、供水、停车场、观景台、游客接待中心等配套设施。

五、支持贫困地区农村产业融合发展

支持贫困地区立足当地资源优势，发展特色种养业、农产品加工业和乡村旅游、电子商务等农村服务业，实施符合当地条件、适应市场需求的农村产业融合项目，推进精准扶贫、精准脱贫，相关扶持资金向贫困地区倾斜。鼓励经济发达地区与贫困地区开展农村产业融合发展合作，支持企事业单位、社会组织和个人投资贫困地区农村产业融合项目。

第十章　农村产业融合的战略

第一节　构建以集体经济为主体的农村产业融合的经营体系

城乡融合发展背景下，农村集体经济发展策略的制定与执行，要求相关主体准确把握农村集体经济发展诉求，着眼于城乡融合发展的趋势，在科学性原则、实用性原则的框架下，制定合理的农村集体经济发展策略，激发农村集体经济发展的活力。

一、城乡融合发展背景下农村集体经济发展策略

(一)　实现村集体资源的合理配置

在城市融合发展的背景下，农村集体经济的发展空间得到拓宽，为充分利用城市的消费能力，强化城乡之间的互补关系，集体经济发展环节，应当率先做好农村集体资产的评估、配置等工作，通过对现有村集体资产的更新、改造，降低资产存量，实现资源利用率的充分提高。例如在国家政策的框架下，对集体资源进行深度开发，利用闲置民房等资源，发展乡村旅游或者采取打包发包的方式，进行村级旅游业的发展。对于部分集体经济较好的乡村，可以采取资产委托管理的方式，将闲置资金通过政府平台进行融资，在保证资金安全的前提下，持续增加自身的经济收益，避免出现集体资金闲置的情况。

（二）积极探索全新的经济业态

村集体经济规划过程中，不仅要着眼于农村的发展定位，还要统筹周边城市的消费习惯，形成整体性、长远性的督导，引导农村集体经济的持续健康发展。例如，以现有的农村集体经济为依托，统筹区域资源优势，尝试发展特色产业，打造生态农业、旅游农业、体验农业等特色经济形式，以更好地实现资源优势的发挥，在保证农村资源得到合理应用的同时，避免资源的滥用或者缺失，以保证集体经济的快速发展。为保证农村集体经济的发展活力，将城市作为产业布局的主要引导性要素，组织开展相应的产业活动。从以往经验来看，城乡融合发展过程中，通过对城市消费特点、消费能力的梳理，实现了集体经济的针对性构建。

（三）加强人才发掘与储备工作

通过专业人才培养，引导集体经济保持正确的发展方向，以更好地解决集体经济发展过程中面临的各类问题，使集体经济始终保持较高的发展水平。例如，除了利用优惠政策做好农民工等返乡人员的发掘等工作外，激发起农民工等返乡群体利用自身知识与技能，参与集体经济发展的主动性。同时加强技能培训，通过技能强化与提升，以保证和改善农村集体经济有关人员的专业能力，使其逐步走出思维误区，更好地推进农村集体经济的发展。

二、农村集体经济组织创新的探索

就农业的集体经济组织而言，改革创新的基本方法是转变为一个更具发展潜力的合作经济发展组织或升级为股份合作制，从而形成与农业经营相一致的经济合作组织。

作为连接农民与市场的重要机构组织，农村集体经济组织必须引领农民积极进入市场，结合农业产业链中的每个传输阶段，共同构建产业链制度体系，促进农户与市场之间相互合作、共担风险、共享资源。

（一）农业产业化经营的组织形式

农业经营方式的转变与产业链组织结构的演进创新是农业产业化经营的发展方式，是农业产业经营模式和农村组织结构演化的统一形式，是以销售市场为导向的农业产业经营组织。

这种组织结构是逐步产生的，满足农业产业横向一体化和垂直一体化运作的客观要求。在农业实践活动的过程中，出现了多种模式。例如，农业合作社+专业技术研究协会、重点企业+主要种植基地+农民等模式。

不同的演进环境下衍生出不同的经营模式，分别存在着不同的功能和缺陷。对不同的经营模式进行科学研究，不仅有利于集体经济组织的创新升级，还有利于充分发挥集体经济组织在农业发展方面的优势。

（二）经济职能与行政职能分离

股份合作制或标准的合作经济发展组织是我国农村集体经济组织创新发展的总目标。行政职能的分离与发展是实现总目标的前提，将税收、基础教育、社会稳定、农田项目建设、社会保障体系等其他管理内容移交给村民委员会，集体经济组织只服务于农业发展、农产品经营以及农户在农业产业运作方面面临的困难。主要服务项目内容包括向农民展示符合定性规格和可承受价格的农业机械生产要素，并为种植、育种、生产加工等大型项目提供专业技术培训、劳务合作、现场具体指导、生产线设备的联合使用，农业网络信息，信贷服务等专项服务。服务项目是围绕整个农业行业运营过程进行的，并且也可以随着社会经济的发展进行第二、第三产业的延伸发展。根据集体经济组织的服务项目，将分散式小规模的生产制造进行相互联系，个体经济的主动性与集团统一运作的优势相结合，既有利于确保农业发展系统化，还可以推动两级管理制度完善发展。

(三) 明晰农村土地产权主体

为了促进农村土地的有效经营，改善农业经营的标准和环境，有必要尽快解决农村土地使用权虚置或缺乏主体等问题。将农村集体经济组织作为土地资源的唯一使用者，这样可以解决土地资源竞争、多重管理困难和农民负担沉重等一系列问题。农村集体经济组织作为土地资源的唯一使用者，可以协调，有效地分包，开发土地资源，根据使用权从应征方扣除租金，以取得事业性经营费用，可以向国家缴纳税款，并且防止二次收费的现象出现，在一定程度上缓解了农民的压力。集体经济组织在农民广泛参与的条件下，使土地使用权、收入权和处置权变得民主化。所以，实现农村土地的流转经营，可以利用土地使用权转让或者租赁等形式，既可以提高土地资源的经营规模，还可以在此基础上引导农业发展朝向系统化、区域化方向发展，加快农业产业化的发展速度。

第二节 构建以供销驱动为核心的农村产业融合的产业体系

一、构建基层社产业融合产业体系

对实力较强的基层社，以实体运作，扩大服务为目标，通过发展生产合作、供销合作、打造基层标杆社，培育领跑型基层社。帮助供销社等经济实力较弱的基层社恢复提升服务功能，通过联合合作等途径，全面盘活现有的闲置门市部，做强做优社有企业经营网点，培育发展型基层社。通过政府支持、新建改造、资源整合等多种途径，培育追赶型基层社，确保全区所有乡镇实现基层社服务功能全覆盖。

二、构建村级供销社融合产业体系

充分发挥基层党组织政治功能，组织优势和供销社服务"三农"的资源优势，组建村级供销社，促进供销合作社与农村各要素资源和农民的深度融合，让更多的农民专业合作社和农民参与到供销社综合改革和农业生产经营过程中。加快村级综合服务社扩面增效。

三、构建专业合作社建设体系

积极自办或领办特色农民专业合作社，探索自办示范社建设，引领生产合作与供销合作的融合。探索创办土地流转、资金互助、特色种植等产业型、服务型农民专业合作社。重点培育水稻、茶叶、菊花、中药材种植以及家禽养殖、农机服务等专业合作社。提高农民专业合作社质量和层次，推动"规模化种养，标准化生产，品牌化经营"。加快社区综合服务社建设，探索供销社为社区服务功能。重点培育打造一批省、市级龙头企业，争创省级著名商标。

第三节　构建基于新能源的农村产业融合的生产体系

一、建立市场化的农村能源服务体系

我国部分偏远地区农村能源服务体系建设相对滞后，能源发展基础相对薄弱，不利于推动农村绿色低碳生活方式转变和能源产业可持续发展。建立市场化的农村能源服务体系，积极探索以市场化运营为主、政府加强政策支持的新机制、新模式，鼓励和引导农户、村集体自建或与市场主体合作，参与农村能源基础设施和服务网点建设，培养专业化服务队伍，提高农村能源公共服务能力，是推动农村绿色低碳生活方式转变和绿色能源转型、实现能源产业可持续发展的关键。

二、大力推进农村地区"光伏+"模式

在实现农村地区绿色能源转型过程中，大力推进农村地区"光伏+"模式，融合农业产业化生产，将光伏与农业种植、畜牧养殖、林业等生产方式相结合，推进农光互补、"光伏+设施农业""海上风电+海洋牧场"等低碳农业模式，在不改变原有土地用途的条件下，实现土地综合利用增产增收，既能发展与当地土地资源相适宜的产业，又能推动清洁能源发展，提高土地经济收益能力。用"光伏+"打开农村能源低碳发展更广阔的空间，加快实现"双碳"目标，建设美丽乡村，推进共同富裕。

第四节　构建以金融闭环为核心的农村产业融合的模式体系

一、以农村金融闭环为核心为农村产业融合提供资金支持

在农村产业融合的过程中，农村不同产业之间的联系和互动越来越频繁，而农村金融作为连接农村各产业的纽带，可以提供跨产业的金融服务，满足不同产业的需求。农村金融可以为农村产业升级或结构转型提供资金支持，通过贷款、投资、担保等方式为产业升级或结构转型提供必要的资金支持，促进乡村企业的技术升级、设备更新、人才引进等重要转型。农村的产业要从传统的以家庭为主的生产模式转变成集约化规模化生产经营，需要加大农业科技研发投入，也离不开农村金融支持。金融还可以通过支持农村基础设施建设、农村工业、农村服务、农业科技研发等领域的工作，为农村产业融合提供更好的环境和条件。

二、以农村金融闭环为核心满足农村产业融合多元化需求

随着农村产业融合的不断深入，农村地区对金融服务的需求也日益多元化。首先，不同产业融合项目有不同的资金需求。对于农业产业链的整合，农村地区需要提供供应链金融服务，促进产销对接和农业产业升级；对于农业与第二、第三产业的融合，农村地区需要提供创业投资、股权融资等金融产品，支持农村新业态和新兴产业的发展。其次，农村的不同主体有不同的融资需求，金融机构需要提供个性化的金融解决方案。针对农村金融需求主体的融资难问题，金融机构需要提供无抵押、无担保的小额信用贷款服务；针对农业科技企业的研发和创新需求，金融机构需要提供科技贷款、科技担保等金融产品。最后，金融机构主要需要根据经营所在地不同的产业需求，提供个性化金融产品或服务，满足农村地区不同产业、不同主体在产业融合过程中对金融产品或服务的需求。

三、以农村金融闭环为核心引导农村金融资源配置的优化

农村金融可以通过资金配置的方式，促进农村资本的流动和资源的有效配置，引导资本和资源流向高效率、高附加值的农业产业和领域，促进农村产业结构优化和转型升级。农村金融可以采用提供贷款、担保、风险投资等方式，通过对具有市场前景和盈利潜力领域提供短、长期贷款，帮助农村金融需求主体获得更多的融资机会，引导资本流向具有市场前景和盈利潜力领域，从而实现资源的优化配置。

第五节　构建以城乡等值化为基础的农村产业融合的创新体系

新时代破解"三农"难题、推进乡村振兴，离不开理念的

更新与创新。"城乡等值"不是城乡等同，更不是消灭乡村，而是在承认城乡社会形态、生产和生活方式等方面存在差别的前提下，通过大力发展生产力，使城乡居民享有同等水平的生活条件、社会福利和生活质量，共享现代文明。放眼世界，以德国为代表的欧盟国家在乡村发展上长期走在世界前列，其背后则是"城乡等值"理念的支撑；聚焦国内，浙江"特色小镇"建设通过发展特色产业、营造特色文化，形成了尺度适宜、环境美好、风格独特的城镇生活空间，较好地诠释了"城乡等值"的含义。"城乡等值"所追求的"不同类但等值"的核心思想符合人类社会城乡关系演变的客观规律，对于当前上海推进超大城市乡村振兴、实现更高水平的城乡一体化具有重要的理论和现实指导意义。

一、在发展理念上，突出乡村与城市生活不同类但等值

"城乡等值"建设的基点立足于农村，结合农村特色建设农村，彰显农村独特价值，实现城乡价值等同，而不是简单按照城市化的标准建设乡村。发挥乡村自身价值，不是一味通过耕地变厂房、农民变工人的方式，使乡村在生产和生活质量而非形态上与城市逐渐消除差别，从而实现乡村的生活条件、生活质量与城市生活"不同类但等值"的目标，包括劳动强度、工作条件、就业机会、收入水平、基础设施环境等。

二、在发展定位上，赋予乡村平等和自主地位

乡村与城市的基础虽不同，但同样具有较大的发展潜力，通过创造公平发展机会、充分激发要素流动性，给予乡村在整体发展格局中的平等和自主发展地位。有别于政府主导的大城市战略或中小城市战略，乡村可自下而上地根据自身要素禀赋、人才优势及文化内涵，在遵循经济发展规律的基础上，个性化、生态化、智能化、低碳化地推动城镇化进程，最终实现与城市

的等值。

三、在发展模式上，推动城乡融合式发展

把促进城乡之间要素双向流动及有效配置作为重要抓手，而不是通过单纯的城市向乡村"输血"和违背市场规律的"反哺"，充分发挥市场机制配置城乡要素的决定性作用，将城乡经济发展融为一体，互惠互利，从而最终实现"城乡等值"。为了推进城乡发展有机融合，首先要改善城乡交流密切地区之间的交通运输条件，改变城市和乡村之间地域单元的割裂性；其次是增加乡村就业机会，同时推进基本公共服务均等化，提高就地城镇化水平，使农民不必进入大中城市而能享受等值的工作机会和生活质量。

四、在发展路径上，坚持多元化、个性化取向

乡村与城市的发展虽然同等重要，但集聚、形态和功能的差异化程度较大，城乡一体化不是等同化、一致化，即使是乡村地区发展也要呈现多元化和多样化的不同模式，根据实际条件讲究发展效率。一要多主体培育，激发包括农民、农二代、乡村创客等多元主体的积极性；二要多业态发展，构建乡村产业融合、资源相互渗透和交叉重组的产业发展体系；三要多要素协同，构建资金、技术、管理、人才等多要素协同的要素发展体系。

第六节　构建以公共资源服务为主体的农村产业融合的服务体系

农村公共资源服务体系的构建是一项系统工程，这既要求长期不懈的努力，更要多项措施齐头并进。

一、构建以公共资源服务为主体的农村产业融合的服务体系的理念

执政为民，是政府的根本。公共服务，是政府存在和运作的基础，是政府的神圣职责，也是政府的义务。政府的本质是为社会、为人民提供优质的公共服务。社会的发展，要求政府由原来的管理者转变为公共服务的供给者，政府要以传输服务为第一要务，把政府职能从经济领域转移到公共服务领域，才能为公众提供更多、更好的公共服务。改革实践证明，政府有效的管理是融合在提供良好的服务之中，公仆意识、服务意识、民本意识、公众至上意识是现代公共服务型政府的价值取向。我国的"一切权力属于人民"，人民是公共部门权力的权源。公共部门为公众服务是一种责任而不是恩赐，公共部门不是赐予者，而是被供养者。公共部门要树立"权为民所用、情为民所系、利为民所谋"的服务观念。观念决定行为，公共服务供给应以人民为本位，确立亲民意识，以公众的需求为出发点，以民众的意志为根本导向，使公共服务做到保障民权、尊重民意、关注民生、开发民智。我们现在提倡的服务型政府的目标模式就是"以人为本"，为公众提供公共产品，为公众搞好公共服务，让公众富裕起来。

二、构建以公共资源服务为主体的农村产业融合的服务体系决策

构建农村公共服务机制，是政府服务从政府本位、官本位向社会本位、民本位转变的一个根本途径。应当事先听取公众的意见，了解公众需求，以公众意愿作为提供公共服务的价值取向，并建立了解民意、实现公众参与的渠道、规则和程序。自上而下的决策体制忽略了农民的真实需要，导致农村公共资源供给中短缺与过剩并存的结构失调现象，严重阻碍了农村公

共服务的进一步发展。在建立、完善村民委员会和乡人民代表大会制度的基础上，发挥专家、学者智囊的作用，积极培养农民的现代公民意识和民主法治意识；开拓农民参与决策的渠道，建立多渠道的农民需求表达机制，引导农民积极参与公共事务决策方案的制定和监管活动；加强官民一体，实现上情下达、下情上达，使公共服务切实体现农民意志，满足农民需求，实现自上而下向自下而上的转变。决策方案具有坚实的公众基础，必将获得农民广泛的支持，也是提高农村公共物品供给效率的前提。

三、构建以公共资源服务为主体的农村产业融合的组织体系

农村公共服务并不是只有政府才能提供，非政府组织和个人同样可以参与供给和生产。要积极探索农村公共服务市场化道路，引入市场竞争机制，将原来由政府不该管、管不了、管不好的某些公共服务交由私营企业、非营利组织、社会中介组织、农民个人以及其他社会组织。让其通过不同的途径，参与公共服务的供给，实现农村公共服务完全由政府垄断转变为利用社会力量由社会自治或政府与社会组织合作的形式向农民提供。从供给的模式来看，农村公共物品的供给模式应该是多元化的。政府供给、自愿供给与市场供给的有机组合才是对农村发展最优的模式。政府更多在宏观环境上、基础设施上进行供给，同时积极创造条件推动自愿供给，引进市场供给。例如要求企业为农村修建公路，改善饮水条件等。这种公共服务的供给是一种双赢的结局。可见，政府是应该负责提供公共服务的，但政府提供公共服务可以是直接的，也可以是间接的。通过引进自愿供给与市场供给，政府既可以达到供给目的，又减轻了自身的压力。

四、构建以公共资源服务为主体的农村产业融合的服务运行机制

长期以来，政府基本上集中了农村大多数的公共资源供给的决策权和执行权。决策与生产的分离，并不意味政府对公共服务的生产撒手不管，而是政府要把工作的中心由生产转移到决策。政府还要对公共服务的生产进行管理和监督，一方面，在实行公共服务社会化的过程中，政府要事先确定哪些公共服务可以承包出去让私营公司承担；要提出公共服务的质量和数量要求以及成本核算。另一方面，要监督好公共服务的生产过程，政府要承担监理人员的作用，随时注意其服务工作动态，以合同契约为制度杠杆约束生产行为。这样一来，政府就用合同管理代替了原先对行政组织的等级控制，供给公共服务的网络组织代替了原来单一的科层制组织。

第七节 农村产业融合中构建"万企兴万村"

没有农村农业的现代化就没有国家的现代化，乡村经济作为我国延续了数千年的主要经济社会形态，是国民经济发展的基础和后盾，农村经济发展深刻影响着我国经济发展。要积极发挥社会力量的作用，深入推进"万企兴万村"行动，以更加积极的态度和更加有效的方式推进乡村振兴。

"万企兴万村"行动，是在"万企帮万村"精准帮扶行动基础上，以集体经济薄弱村、乡村振兴重点帮扶村、脱贫村、规模较大的易地搬迁集中安置点所在村为重点，以促进农村产业对接、实现村企共赢发展为目的，引导广大民营企业、商会及其他民营经济组织开展村企结对共建，投身乡村振兴。根据"万企兴万村"行动目标分成两步走。

第一步，到 2023 年，动员 1 万家民营企业以及商（协）会

组织，通过多种途径，助力 1 万个行政村脱贫成果稳定巩固，村企融合、共建共赢的格局基本形成。

第二步，到 2025 年，实现村企结对帮扶关系持续巩固，乡村特色产业体系初步构建，新型集体经济不断壮大，村企利益联结机制有效建立，配套服务保障政策不断完善，为乡村全面实现振兴打下坚实基础。

一、多措并举，助企纾困

2022 年 10 月，党的二十大报告提出，"优化民营企业发展环境，依法保护民营企业产权和企业家权益，促进民营经济发展壮大。""万企兴万村"行动是社会帮扶与乡村振兴有效衔接的重要举措，是民营企业参与乡村振兴的标志性品牌，民营企业是经济社会发展的助推器，是推动乡村振兴的生力军。

因此，要全力支持参与"万企兴万村"行动的民营企业发展壮大。首先，在"万企兴万村"行动中，要着力提高对民营企业的服务支持能力，加大对参与行动企业的金融扶持力度，对与"万企兴万村"行动相关的项目优先给予金融支持。其次，要站在企业的角度，为企业量身打造"万企兴万村"行动专属金融服务方案，切实提升参与行动的民营企业风险应对能力水平。最后，各涉农金融机构要为参与行动企业提供信贷优惠政策，扩大农村资产抵质押物范围，与民营企业建立多种形式的风险共担机制，帮助民营企业整合担保资源，增加贷款投入量。

二、强化组织领导

加强各部门联动，形成相互配合、资源共享的合力服务机制。各级工商联要做好行动统筹，继续深入开展"联企业、送政策、解难题、稳主体"帮扶活动，了解民营企业在"万企兴万村"行动中面临的困难，通过领导小组成员单位的合作机制和参政议政等渠道，积极反映民营企业诉求、协助企业解决问

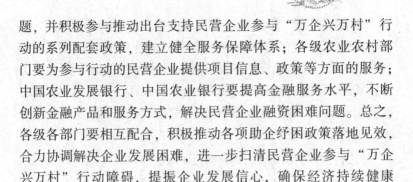

题，并积极参与推动出台支持民营企业参与"万企兴万村"行动的系列配套政策，建立健全服务保障体系；各级农业农村部门要为参与行动的民营企业提供项目信息、政策等方面的服务；中国农业发展银行、中国农业银行要提高金融服务水平，不断创新金融产品和服务方式，解决民营企业融资困难问题。总之，各级各部门要相互配合，积极推动各项助企纾困政策落地见效，合力协调解决企业发展困难，进一步扫清民营企业参与"万企兴万村"行动障碍，提振企业发展信心，确保经济持续健康发展。

三、营造"万企兴万村"行动新氛围

（一）加强宣传推介，强化典型带动

各级行动领导小组要努力为参与行动的民营企业开启专门的表彰渠道，在"万企兴万村"行动过程中选出一批可学习、可操作、可复制的民营企业参与行动的先进和成功案例，对先进典型企业进行评选表彰，并协调媒体对优秀企业及其所做贡献进行报道，增强先进典型引领带动力。一方面，通过各级宣传平台和主流媒体的宣传报道，能够向全社会展现民营企业的风采，增强参与行动企业的成就感和荣誉感，充分发挥荣誉激励的指挥作用，促进更多民营企业积极参与"万企兴万村"行动，在乡村振兴的时代洪流中发挥作用；另一方面，通过对先进成功案例的评选表彰，能够让在行动中贡献突出的民营企业提高社会知名度，促进企业发展，增强"万企兴万村"行动对民营企业的吸引力，吸引更多民营企业参与到行动中。

（二）制定激励政策，吸引主动参与

为了更好实现村企之间优势互补与互利共赢，应当充分考虑双方的需求和意愿。对于企业来说，应为其提供包括税收、招商、融资优惠政策。通过实施激励政策，鼓励民营企业参与

到"万企兴万村"行动中，在行动中实现双方共同健康发展。对于农民来说，首先，政府应当加强对农业产业的风险管理以及产业帮扶力度，提高对风险性较高的农村产业成本的承担比例；其次，国家可以降低农产品种子、农药、肥料等的税收，减轻农业成本，增强农民对产业的信任，使农民能够积极投身于农村产业的建设中。

（三）加强机制协调，促进部门协同

高规格的组织配备和完善的工作机制体制是确保"万企兴万村"行动成功开展的前提，因此，各省应成立由统战部牵头、工商联实施、各有关部门联合推动的专项工作小组，明确各级各部门责任，构建各部门协同推进新格局。首先，认真学习相关政策文件，充分了解"万企兴万村"行动的重大意义，精准落实"万企兴万村"行动的目标任务，将"万企兴万村"当成任务与责任来抓。其次，组织调研组，深入基层开展"万企兴万村"行动专题调研活动，通过走访区县、乡村、企业，搜集"万企兴万村"行动开展存在的困难问题以及相关建议，及时掌握工作进展情况，确保党政决策与基层问计的有效衔接，形成良好的行动氛围。

四、打造县域共同富裕产业链

打造县域共同富裕产业链是应对乡村产业"悬浮"问题的一条有效路径。"共同富裕产业链"是指在充分依托县域资源的同时，将企业现有产业链与价值链延伸拓展，在县域内形成带动力强、覆盖面广、参与度深、城乡融合发展的产业模式，并将产业价值更多留在县域内，从而促进农村经济发展，增加农民经济收益，带动更多农民实现共同富裕的机制。

一是优化外来企业嵌入机制。在加大对当地本土企业的培育和支持力度的同时，促进外资有机融入当地社会。乡村企业

大多是由回到家乡的当地人创办的，因而这些民营企业更熟悉本乡本土的自然资源，具有农村产业发展的天然优势，更能够切实投身于乡村振兴战略中，因此要大力培育和支持这些地方民营企业。外来企业则应当与本地社会建立更加密切的利益联结机制，实现外来企业的有机嵌入、打破农村"产业悬浮"困境，构建企业与农村共同发展、共同富裕、共同繁荣的关系格局。

二是推动"互联网+农产品"出村进城。为了适应现代商业新形态和新模式的发展需要，要加快推动乡村数字产业落地，打通农产品销售渠道，为农产品走向市场提供服务。参与"万企兴万村"行动的民营企业在实践中要注重创新开展消费帮扶，完善农产品生产销售精准衔接机制，建立保持长期稳定的精准产销对接关系。这就要求各部门建立完善的信息共享机制，运用大数据库强化产销信息共享，缓解农产品生产销售对接过程中的信息不对称现象，努力实现农产品产销精准对接。

充分发挥"互联网+"的优势，开拓线上线下市场，如聘请网红参与直播带货、"以购代销""线上+线下"消费帮扶等，扩大农产品销售范围，使农产品走出大山、走向全国。

第十一章 农村产业融合的"六项"要点及实施办法

第一节 农村产业融合的"六项"要点

一、加快农业现代化，把农业基础打得更牢

（一）加强粮食综合生产能力的现代化建设

解决好十几亿人吃饭问题，保障国家粮食安全，始终是治国安邦的头等大事，也是农业现代化建设的首要任务。要把提高粮食综合生产能力作为重点，实施全国新增千亿斤粮食生产能力规划，加大重大工程建设投入力度，整合现有粮食产能建设投资项目，继续抓好粮食优势产区建设，建设一批粮食生产的核心产区和后备产区，建设好核心产粮大县。要探索建立粮食生产功能区均衡性财政转移支付机制，增加对主产区的一般性转移支付支持力度，扩大产粮大县奖励规模，支持粮食生产的政策措施向主产区倾斜，逐步取消粮食主产区农业建设项目资金配套，不断增加农业补贴力度，加快实现粮食增产、农民增收、财力增强相协调。大规模建设高标准农田，是提高粮食生产能力的重要基础。

（二）加快农业现代化科技进步

大幅提高农业技术装备水平。农业科技是农业现代化的重要支撑。近年来，我国农业科技迅速发展，农机化加速推进，

支撑能力明显增强，目前农业科技进步贡献率超过63%，农业耕种收综合机械化率超过73%，与发达国家差距逐渐缩小。要加大农业科技投入，深入实施科教兴农战略，大力推进农业科技体制机制创新，强化现代农业产业技术体系建设，加强农业科技创新，强化技术集成配套。种业是农业科技创新的重点。要推进体制改革和机制创新，加大政策引导，整合种业资源，强化市场监管，实施好转基因生物新品种培育重大专项、种子工程等项目，加强良种推广应用，构建以产业为主导、大企业为主体、大基地为依托、产学研结合、育繁推一体化的现代种业体系。农业机械是农业科技的重要载体。

要加快农业机械化，优化农机装备结构，加强先进适用、生产急需的农业机械研发、制造；坚持农机农艺结合，实施保护性耕作，构建现代农机服务体系。抓好重大适用技术推广，大规模开展高产创建。健全公益性农业技术推广体系，加强基层农技推广体系改革与建设，建立健全县、乡、村三级服务网络，加强现代信息技术装备，强化推广机制创新，不断提升能力、增强活力。

（三）加快发展农业现代化，生产经营者是主体，也是关键

加快发展现代农业，生产经营者是主体，也是关键。有限的农业资源需要高素质的人和组织经营。当前，农业劳动力结构正面临着大的调整和新的变化。大量有文化的年轻人进城务工，农业劳动者队伍老化、后继者缺乏的问题日益凸显，培养适应现代农业发展要求的新型农民尤为重要。要大力推进人才强农战略，强化农民职业培训，扩大培训的覆盖面，大力发展农业职业免费教育，免费进行"绿色证书"培训，着力培育一大批种养业能手、农机作业能手、科技带头人等新型农民。同时，还要大力培育新型经营主体。加大农民专业合作组织负责人培训力度，提高其组织带动能力、专业服务能力和市场开拓

能力；加强政策引导，支持农业产业化龙头企业培养经营人才；依托农产品市场体系建设，加大农产品经纪人培养力度，提高其营销能力。多渠道培养适应现代农业发展的经营主体，发展种养业大户、农民专业合作社和农业产业化龙头企业，发展多种形式的适度规模经营。

二、以数字乡村建设为着力点，做好"融合"文章

（一）夯实乡村发展的数字化基础

以新基建为代表的数字基础设施建设，通过城乡间数字基础设施的共建共享，推进城乡间要素的自由流动，从而促进城乡融合，助力乡村发展。一是以物联网、大数据、人工智能等新一代信息技术为支撑，将数字资源由城市向乡村扩散，通过现代信息技术实现对城乡要素的整合和高效集聚，尤其是通过对乡村产业的数字化改造，助力乡村从以农业为主的单一产业结构转向一二三产业融合发展。二是借助数字技术，打通城乡融合的断点与堵点，通过发掘不同区域、不同类型的乡村特色，将资源优势转变成经济优势、产业优势，在价值转变的过程中，不断释放农业农村发展潜力，实现高质量发展。三是数字乡村建设有助于打破地域、交通等传统因素与乡村发展的限制，通过乡村资源的数字化转化，不仅有助于乡村传承、保护功能的维护，更能借助现代技术手段，实现传统资源价值的再创造，从而实现乡村的可持续发展。

（二）助力农业发展的数字化转型

当前，互联网、大数据在农业领域的应用更为广泛，为农业的发展插上腾飞的翅膀。一是以智慧农业发展为目标，大力推进农业基础设施的智能化、数字化、生态化，构建从农资到产品、从生产到销售的农产品质量安全追溯体系。二是以高标准农田建设为契机，在提升农田基础设施的同时，不断推进农

业生产全流程的机械化、智能化、数字化。与此同时，借助电商平台，推动农业线下生产与线上销售相结合，不断延长产业链、价值链。三是以农业生产数字化为基础，大力推动农业与生产性服务业的有机融合，不断拓展农业与第二、第三产业融合发展的深度与广度，从而在推进农业价值增值的进程中，实现农业的价值转换。

（三）提升农村居民的数字化水平

一是以数字乡村建设为契机，通过对农村居民数字能力的培训与引导，不断提升农民参与乡村数字化建设的能力和水平。在此基础上，通过将农民嵌入乡村数字化网络之中，不仅能够提升农民获取信息的能力和水平，而且通过搭建数字化的乡村发展平台，将有利于更多的农民突破时间、空间、地域的界限，通过云平台参与乡村建设与发展。二是通过农村数字化网络建设，将农民的日常生产、生活纳入数字乡村建设，通过数字化设备的推广与运用，不断提升农民生产生活的便捷性，从而增强农民参与数字乡村建设的积极性和主动性，提升农民的数字化水平。

（四）构建乡村治理的数字化体系

借助数字经济的发展，通过现代信息技术在乡村的运用，有助于弥合城乡之间存在的"数字鸿沟"，助力乡村治理转型和乡村的全面振兴。乡村治理的数字化有助于推动乡村治理从精英治理、多元治理向数字化治理转变，提升农民参与乡村治理的深度与广度，真正实现乡村的共建共治共享。加强数字技术在基层党建、民主选举、村务公开、农村集体资产管理等方面的充分应用，实现协同治理、有效治理。将现代信息技术运用于农村社会治安防控体系，既有利于提升乡村治安能力和水平，更有利于提升乡村应对突发性公共事件的能力，增强乡村社会发展的稳定性。

三、完善利益联结机制，让农民更多分享一二三产业增值收益

建立利益联结机制是农村产业发展的重点。农村一二三产业融合不能依靠分散的小农经济和小规模生产，只有深度整合家庭经营、合作经营、公司经营等不同生产模式和经营方式，发挥行业协调的作用，将各自的优点有机结合，实现优势互补，充分激发经营主体的生产积极性，才能有效构建起综合、优质、高效、门类齐全的融合性业态。坚持农民主体地位，充分尊重农民意愿，切实发挥农民在乡村振兴中的主体作用，把维护好农民群众根本利益、促进共同富裕作为出发点和落脚点。以利益共享为目标，构建多样化、多元化、多形式的农村一二三产业融合发展利益联结机制，促进小农户和现代农业发展有机衔接，鼓励和支持更多农民加入产业融合的过程之中。

四、高标准抓好农村基建，补齐公共资源基础设施短板

农村一二三产业发展，必须以完善的农村基础设施建设为前提。高起点、高标准农村基础设施建设，既能有效拉动经济，也能进一步促进产业融合以及农民生活水平的提高。统筹实施高标准农田建设，加强农村土地整治和农田水利基础设施建设，改造提升中低产农田。加快完善农村水、电路、通信等基础设施，建设符合休闲农业、观光农业发展需求的乡村旅游道路、供电、供水、停车场、观景台、游客接待中心等配套设施。完善农村互联网基础设施，推进信息技术与生产、加工、流通、管理、服务和消费各环节的技术融合与集成应用，提升技术装备水平，为农村一二三产业融合发展奠定坚实的信息化基础。

五、加强政策引导和扶持，为融合提供完备的要素保障

针对当前发展中存在的问题，科学制定发展规划善用政策

组合拳，注重补短板、强弱项、增活力，健全公共政策，优化市场环境，提供更多更好的公共服务和公共产品。科学制定发展规划，坚持高标准、高起点规划，加强农村产业融合发展与城乡规划、土地利用总体规划有效衔接，完善县域产业空间布局和功能定位。把三大产业按照一个整体统筹谋划，使农村一二三产业融合与新旧动能转换相结合，构建产业、规划生态服务等相互嵌合、整体配套的生产体系。促进要素市场化配置，坚持以市场需求为导向，使市场在资源配置中起决定性作用，依靠市场主体，围绕市场需求，优化要素投入规模和水平、产业方向和布局、融合方式和路径，不断发挥区域优势、资源优势、产业优势，实现差别化、品牌化发展。

以供给侧结构性改革为重点，更好地整合资源要素、优化产业布局。健全政策体系，围绕产业融合发展目标，加强政策和制度建设，明确政策支持重点，增强政策的系统性、精准性、有效性。围绕基础设施和公共服务平台建设、新型职业农民和新型农业经营主体带头人培育、技术装备水平提升、农业资源保护和废弃物资源化利用等方面，创新用地、财税、信贷、保险等政策制度，加大支持力度。强化政策执行，落细落实土地出让收入优先支持乡村振兴的财政政策，形成乡村振兴投入稳定增长的长效机制。通过采取农村闲置宅基地整理、土地整治等措施，新增的耕地和建设用地优先用于农村产业融合发展。持续推进农村产权制度改革，巩固农村土地等集体资产确权登记颁证改革成果，促进多种形式的股份合作。大力推动农村产权交易市场建设，提高农村资产运营效率，拓宽融资渠道、增加农民收入。完善公共服务保障，优化政策咨询、融资信息、人才对接和信贷服务等公共服务，加大信贷支持力度。

六、完善协调机制和组织保障，有序推进农村产业融合

将责任落实到各级各部门，形成工作合力，建立部门联席

会议制度，加强部门资源整合，实现信息互联互通。强化典型带动，推介一批融合发展的典型模式，充分发挥示范引领作用。强化对具体市县的指导，及时总结、评估、优化，加强政策宣传，推广典型案例和经验做法，为农村产业深度融合、高质量发展营造良好的舆论氛围。

第二节　农村产业融合实施办法

一、编好乡村规划

充分发挥乡村规划的引领作用，把编制与管理好乡村规划作为乡村建设第一位的任务。坚持县域规划"一盘棋"思想，科学规划村庄布局，加强村庄规划编制指导，创新村庄规划编制方式。用好"政府组织领导、村民发挥主体作用、专业人员开展技术指导"的机制，积极有序地推进村庄规划编制。发挥规划的指导约束作用，坚持先规划后建设，无规划不建设，确保乡村产业设施、公共基础设施、基本服务设施建设从容展开，农村人居环境改善、乡村生态保护、农耕文化传承有序推进。

二、建好基础设施

乡村建设重中之重是乡村基础设施建设。要通过实施农村道路、防汛抗旱和供水、清洁能源、农产品仓储保鲜冷链物流设施、数字乡村、村级综合服务设施、农房质量安全、农村人居环境八大工程，逐步使农村基本达到通硬化路、通自来水、通可靠电、通宽带网络、通快递服务，有质量安全农房、有卫生厕所、有污水处理体系覆盖、有垃圾处理体系覆盖、有美丽村容村貌覆盖。

三、提升公共服务

当前农村公共服务最迫切需要改善的方面，首先是"养老服务",其次是"医疗卫生服务"和"学前与小学教育"。根据不同类型村庄、不同发展阶段村庄的不同需求,采取不同的模式提升农村基本公共服务水平。例如,城乡接合部村庄,主要走城乡融合的发展路子,强化县城、乡镇的基本公共服务辐射带动功能;中心村、产业集聚村、人口密度较大的村,主要是全面完善配套基本公共服务设施;距城镇较远、人口密度较小的村,主要是走就近合建合用或者采取固定设施、流动服务的方式,推动城镇服务重心下移、资源下沉。

四、改进乡村治理

乡村振兴,既要塑形,也要铸魂。要进一步加强基层组织建设和精神文明建设,加快构建自治、法治、德治相结合的乡村治理体系,确保乡村社会充满活力、和谐有序发展。

第十二章　推进农文旅融合发展

第一节　农文旅融合的产生

党的二十大报告对全面推进乡村振兴做出重要部署，为新时代新征程上推进农业农村现代化指明了方向。2022 年 3 月，文化和旅游部、教育部、自然资源部、农业农村部、国家乡村振兴局、国家开发银行六部门联合印发的《关于推动文化产业赋能乡村振兴的意见》指出，"以文化产业赋能乡村人文资源和自然资源保护利用，促进一二三产业融合发展，贯通产加销，融合农文旅"。当前，我国"文旅"规划及相关产业发展已经相对成熟，而"农文旅"融合规划仍处于探索阶段。

一、"农文旅"融合的内涵

"农文旅"融合指农业跨越传统产业边界，与文化、旅游产业相互配合而促使产业链延长、交融的过程，即"农业＋文化业＋旅游业"，是跨界多元产业的融合。

"农文旅"融合以旅游休闲业为形态、本土文化为灵魂、农业产业为基础，多产业融合互促，发现和实现乡村的深层价值，不断激发农业功能多样化发展，"以农造景、以景带旅、以旅促农、农旅一体"，让美丽乡村、文化旅游等乡村产业相得益彰。其比传统的农业增添了三产消费属性，比"文旅""乡村旅游""休闲农业"等增添了产业根基，比"田园综合体"等在规模上更为自由。

二、"农文旅"融合发展的基础

近年来，乡村地区借助美丽乡村建设、乡村振兴战略等一系列国家政策的红利，在产业促进乡村发展、一二三产业融合、乡村休闲旅游提升和文化产业赋能乡村振兴等方面加大探索力度，产生了许多生动实践，取得了较好的成效，为农文旅融合发展积累了经验，奠定了基础。

（一）行业规模不断扩大

当前，我国休闲农业和乡村旅游的市场规模持续扩大，全国超过6万个行政村开展休闲农业和乡村旅游经营活动，主要类型有依托自然地理风貌和山水田园风光的观光型旅游；依托农场、农庄、果园、茶园、花园、渔场等农业场所的主题型旅游；深度接触民俗、民族、非遗、乡土文化的体验式旅游；以及以疗养、休养、健身为目的的康养型旅游。

（二）创新业态不断涌现

随着乡村旅游业规模的持续扩大，各地致力于挖掘自身特色资源，把握当前年轻人群的需求，多业态跨界，尤其是发挥了文化创意在旅游业发展中的作用，形成了诸多乡村旅游创新业态。例如，将乡村旅游与商业、体育、生态、科技、教育、交通等诸多行业融合，使单一形态的农业观光型旅游、主题型旅游、体验式旅游和康养型旅游转变为复合形态旅游，开发乡村研学旅行、亲子农业体验园、乡村露营基地、乡村主题博物馆、乡村非遗体验馆、乡村美术公社、乡村音乐部落、乡村动漫基地等一系列吸引城市人口和年轻人群的创新特色项目。

（三）数字赋能不断升级

较多实践在多领域探索运用现代信息技术服务农业产业和乡村旅游业发展，取得较好成效。例如，运用数字信息系统动态管理农村土地，促进合理利用荒地、林地、集体用地等资源，统筹规划、管理，及时把握土地信息，提升了效益；利用数字技术实现农业智能化，活跃传统农耕文化，增加农业附加值，更好地支撑了休闲农业等业态发展；利用乡村旅游服务管理平台，串起本地文旅项目，联动周边文旅项目，提供更多服务内容，增强了项目吸引力；运用大数据、AR、VR等新技术打造线上线下融合的旅游场景，增强互动性，提升观光、消费、科普的体验感；利用各种微媒体、购物平台、直播平台、短视频平台等进行农产品营销推广，增加了销售收益。乡村振兴是通过乡村自我更新、产业升级与新业态植入来满足城市消费需求，带动当地区域经济发展的。乡村振兴伴随着吸引聚集都市人群来乡村旅游，乡村旅游成为乡村振兴的必然产物。当休闲浪潮、新型城镇、内外对流、城乡对流、打造文化软实力、经济提质增效及注重生态、文化、健康需求等诸多因素发生巧妙碰撞，农文旅融合成为乡村振兴的一个独特而重要的抓手。

三、大休闲潮流的推动

根据国际经验，人均GDP进入1 000美元以后，真正意义上的旅游才开始，随之而来的是一个全民观光旅游的浪潮。当人均GDP突破3 000美元时，大众观光旅游开始向休闲、体验旅游转型。而人均GDP超过5 000美元标志着进入休闲旅游全面爆发、体验旅游蓬勃发展的新时代。2021年中国的人均GDP已经超过1万美元，全新的体验旅游时代正扑面而来，这将是一种新的生活方式，要享受生活、逃离都市、寻找理想中的"乌托邦"，要减轻焦虑、释放心情、寻找自我，还要丰富多彩。在这股休闲浪潮下，围绕着体育、旅游、休闲、文化等巨大的产业链释放出了巨大的消费力。目前休闲产品包括7种主要形态，即主题度假酒店、休闲运动、邮轮游艇、娱乐活动、养生产品、餐饮产品和文化产品。可见，生活水平的提高，精神生态显得格外亮眼，休闲潮流席卷而来，促进了农文旅融合的产生与发展。

第二节 乡村振兴背景下农文旅融合的模式

一、农业景观观光型

农业景观观光型多是依托乡村优美的环境，结合周围的田园景观和民俗文化，以农作物集中种植区和农区特色地形地貌等形成的景观为旅游观光对象，如油菜花景观、稻田景观、梯田景观、草原景观、果园景观、花卉景观、水利工程景观等。

打造观光游的主要盈利点来自餐饮和住宿。农业景观观光游的季节性和淡旺季明显，游览周期集中在一年的某一时段，属于较为基础和成熟的乡村旅游模式。目前，众多农业科技园区也在转型，由单一的生产示范功能，逐渐转变为兼有休闲和观光等多项功能的农业园区。

如今，纯观光游已经不适合城市旅客们的基本诉求。农业景观更多的是作为基础吸引物，在观光的基础上，叠加农产品销售、采摘体验、认养农业等成为更为丰富的高附加值业态获利。

二、家庭农场体验型

随着市民对利用节假日到郊区去体验农业、参与农业劳作和进行垂钓、休闲娱乐等现实需求的日益强烈，对农业观光和休闲的社会需求也日益提升。随之产生的农文旅融合模式——家庭农场体验型是以"农家乐""渔家乐""采摘园"为主流形式，经营主体多为农户。农户以其住房、庭院和承包地等作为营业场所，让游客吃农家饭、住农家院、干农家活，感受乡野生活。这是当前数量最多也是农户参与最主要的融合模式，还是进入门槛较低的乡村旅游模式。现在的家庭农场常搭配一些简单和轻量级的休闲和游乐设施，除基础的餐饮住宿服务外，还增加了部分休憩、度假、娱乐功能，同时融入当地文化特色，加深游客印象，提高黏度，属于投入产出比相对较高的模式。

将土地进行分割划片，向城市居民出租，由农场负责管理。农产品收获后，或直接寄送，或自行采摘，体验采摘乐趣的同时还可带来二次消费，这是家庭农场体验游的一种拓展模式。后来在不同地区演变成多种类型的经营方式，如市民种植菜园、果园，果树租赁等。

三、乡土民俗风情型

乡土民俗风情旅游模式即以农村风土人情、民俗文化为旅游吸引物，突出农耕文化、乡红文化和民俗文化特色，开发农耕展示、民间技艺、时令民俗、节庆活动、民间歌舞、乡土建筑、民族风情等休闲旅游活动，丰富乡村旅游的文化内涵。比较典型的有少数民族村寨、传统村落、历史文化名村名镇、农业文化遗产地等，这些地域有较为深厚的文化底蕴，特色的民风、民俗，也是常规旅游中经常主打的项目。

民俗风情往往与节庆活动结合在一起。各民族传统节日也更多地出现在大众眼前，给旅游市场带来了新变化。相比过去人们关注用于收藏与送礼的文化产品，现在人们更加关注体验，希望亲身参与到民俗节庆、手工艺品制作当中去；而民俗节庆是最能够打造出氛围的一种方式，也是带动旅游流量的风口。

四、乡村生活旅居型

乡村度假是乡村旅游发展的高级形式，是游客依托乡村资源开展的疗养身心的深度旅游活动。乡村度假农庄提供的是一种以住宿为基础、以田园生活为依托的田园度假生活方式，休闲农庄依托生态良好的田园环境，以特色农业为基础，向游客提供绿色安全的农产品、高品质的乡村生活方式及优美的休闲

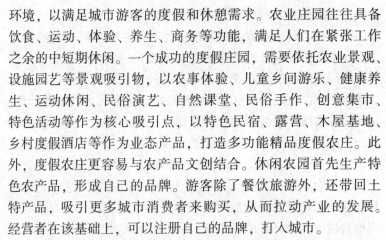

环境，以满足城市游客的度假和休憩需求。农业庄园往往具备饮食、运动、体验、养生、商务等功能，满足人们在紧张工作之余的中短期休闲。一个成功的度假庄园，需要依托农业景观、设施园艺等景观吸引物，以农事体验、儿童乡间游乐、健康养生、运动休闲、民俗演艺、自然课堂、民俗手作、创意集市、特色活动等作为核心吸引点，以特色民宿、露营、木屋基地、乡村度假酒店等作为业态产品，打造多功能精品度假农庄。此外，度假农庄更容易与农产品文创结合。休闲农园首先生产特色农产品，形成自己的品牌。游客除了餐饮旅游外，还带回土特产品，吸引更多城市消费者来购买，从而拉动产业的发展。经营者在该基础上，可以注册自己的品牌，打入城市。

乡村生活旅居则是乡村度假的进化形态。近年来，乡村旅居的概念已经深入人心，成为比滨海度假和山地度假更大众化的度假模式。农家乐、农庄、乡村客栈、共享民居、民宿等已成为乡村旅居的主要形式，相关业态也得以延伸和拓展。更可喜的是，乡村旅居得到较好的实践，并成为老少边穷地区脱贫致富和乡村振兴的重要路径之一。

乡村旅居首先是一种生活方式，然后才是一种旅游方式。其本质在于给都市人提供一种不同于城市环境的生活体验和感知，是入世与出世之间的一种空间转换模式，也是工作与休闲之间的一种时间缓冲节奏，目的是满足人们的"世外桃源"情结，消释人们的"乡愁"心结。

随着我国逐步进入后工业化时代，会议集群、休闲商业集群、文化创意集群等服务业新兴产业开始外移，未来在远离城区的区域将形成环境优越、配套完善的既宜居又宜业的区域。乡村旅居也将更加为大众所接受。

五、农业亲子型

亲子农业是在农业生产的基础上进行延伸开发的，具有引导城市家庭体验乡村氛围和田园生活的功能。近年来，亲子农场很火，核心是亲子教育的需求，尤其是在高度城市化的背景下，在中产阶级越来越重视孩子课外或户外教育的情况下，这种以农场为载体的亲子农业迎来了大的发展机遇。不同的亲子农场有不同的主题，但归根结底都是把农业和人之间的互动性、亲密性和情感联系挖掘出来。利用农业观光园、农业科技生态园、农业产品展览馆、农业博览园或博物馆，为家庭提供了解农业历史、学习农业技术、增长农业知识的教育活动。

亲子农业作为孩子们成长的大自然课堂，发展空间很大，但在我国仍处于初级发展阶段。对农场经营者而言，如何结合当地自然、人文环境实际情况，将儿童农业寓教于乐，形成良性的、持续的到访，增加家庭的黏性，拉动农场相关产品的消费，是中国新农场产业运营决胜的关键。

第三节 推进农文旅融合发展的对策

一、进一步完善农文旅融合发展政策体系

各级党委政府及相关部门应当根据中央一号文件要求抓紧时间制定一系列推动新时代农文旅深度融合的政策制度。一要坚持将"三农"基本支出纳入一般性公共财政预算并逐年稳定增加预算投入，利用国家财政资金投入稳住基本盘，优先保障"三农"各项工作顺利实施。要建立健全"三农"重大项目分级投入机制，明确中央、省、市、县（区）公共财政资金投入范围、比例、投资方式等，建立稳定的公共财政资金投入增长机制，压紧压实各级政府投入责任。建立科学的公共财政资金投入绩效考核评价机制，重点考核资金投入的经济效益、社会效益以及在巩固脱贫攻坚成果、推动农文旅深度融合等方面的作用。二要建立促进农文旅深度融合多元投入机制，鼓励和引

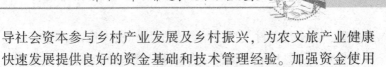

导社会资本参与乡村产业发展及乡村振兴，为农文旅产业健康快速发展提供良好的资金基础和技术管理经验。加强资金使用监管和监督问效，建立和完善现代化、科学化的资金投入体系。

二、科学编制农文旅深度融合发展规划

各地政府要根据新时代乡村全面振兴面临的新形势、新任务，结合农文旅融合发展特点和规律，科学编制农文旅深度融合发展专项规划。在编制农文旅深度融合发展规划的过程中，要将农文旅发展用地、村容村貌建设等纳入其中，要通过编制规划设立农村现代化生活条件建设标准，提高规划编制的指导性和实用性。要立足县域统筹，将农文旅融合发展纳入县域经济总体规划之中。要坚持"一村一品"的发展原则，鼓励和支持以村落为单位编制农文旅深度融合发展规划，通过加强县级统筹，避免各乡村地区出现重复建设和资源浪费，利用编制村级规划合理划定村庄之间的产业发展界限。要将村级农文旅深度融合发展专项规划纳入村级议事协商目录之中，发挥好民主参与和协商作用，要立足当地特色农业文化，利用专项规划提升村容村貌改造水平，坚决防止出现破坏当地自然景观、传统民俗、特色村落而进行的过度开发，尽量减少新建亭台楼阁等人工景观，充分利用和深度开发当地特色农业、生态、文化和旅游资源。

三、全面优化农村土地供给

2023年中央一号文件明确提出实施"确权、赋权、活权"三步走的战略，解决好农村土地供给矛盾问题，为推动农文旅深度融合发展提供最为重要和基础性的要素。一要继续深化农村土地改革。面对第二轮三十年土地承包期集中到期的问题，党的十九大提出，保持土地承包关系稳定并长久不变，明确第二轮土地承包期到期后继续延长三十年，稳定"三农"基本发

展格局，为实现农村土地供给改革的目标提供稳定的基础和坚实的保障。二要稳慎推动农村宅基地制度改革，采取"先试点、后铺开"的办法，让一部分具备改革条件的农村地区先行先试，探索和总结出带有普遍指导意义的典型经验。要利用农村宅基地改革为契机，化解多年来困扰农村发展的根本性问题。要开展农村宅基地登记摸底工作，准确统计农村宅基地基本情况，借鉴城镇不动产管理模式，加快推进农村宅基地房地产权一体的不动产管理改革，颁发确权登记证书，真正实现农村宅基地"三权分置"目标。三要大力开展农村集体土地经营性建设改革，盘活用好农村闲置集体土地，优化农村集体土地出让程序，让更多的农村闲置集体土地能够顺利流入市场，加大土地供给力度，推动农文旅深度融合发展。在盘活农村闲置集体土地的过程中，要兼顾国家、集体及农民个体利益，探索建立集体土地增收调节机制，稳定农村集体土地出让价格，保持土地市场总体稳定。对于已经离乡进城务工、定居的农民，要鼓励他们依法自愿转让家庭土地，保护他们的合法收益，增加农文旅深度融合发展新的土地供给点。

四、全面助力乡村振兴

（一）推动农文旅深度融合，助力乡村产业振兴

农文旅在深层次、宽领域的融合过程中形成了以"产业为核心、文化为灵魂、旅游为主线"的融合理念。推动农文旅融合，深耕当地旅游资源，整合山水草湖林和农林畜牧渔等农业资源要素，丰富产品组合和产品层次，打造产业集群，巩固发展优质传统产业，提升农业园区，实现产业振兴；推动农文旅融合，打造集旅游观光、艺术欣赏、研学教育、文化科普、非遗体验等于一体的农文旅融合综合体，发展农业新业态，发挥产业带动效应和辐射效应，引导农业产业链往后延，促进乡村

产业结构优化；推动农文旅融合，实现全要素融合，围绕"吃、住、行、游、购、娱、商、养、学、闲、情、奇"等要素，聚焦全产业发展，完善乡村产业体系，实现农村产业现代化。各地依托独特的自然资源或产业基础，吸引游客，将农村打造成为特产加工、旅游创意产品和精品住宿等多产业环节深度结合的农文旅融合平台，促进农村地区农业、手工业和服务业的繁荣发展，全面助力乡村产业振兴。

（二）培育"新农人"，助力乡村人才振兴

"新农人"是"乡村振兴+农文旅"模式的主角。新农人包含了新乡贤、返乡创业者、乡创人士、大学生创客、家庭农场场主、新匠人、农业商贸电商、乡村开发企业等群体。一方面，这些新农人的出现，带动活跃了当地的文化氛围，提升了当地的教育水平，为农文旅的融合注入了文化内涵，同时也带动了更多的年轻人返乡创业，为农村地区聚智引才奠定了基础。另一方面，农文旅项目的健康发展，要求为新农人的落地搭建平台，规划场景，定期举办研修班、大讲堂和实验室一系列活动，以提升新农人综合能力。这对打开村民眼界、开阔村民视野、丰富村民精神世界、提升村民综合素质都产生了积极作用。农文旅融合下的新农人，既实现了专业人才的引进，又可帮助实现农民技能培训，全面助力乡村人才振兴。

（三）挖掘和保护本地特色，助力乡村文化振兴

党的二十大报告指出，"坚持以文塑旅、以旅彰文，推进文化和旅游深度融合发展"。加深农文旅融合，要深度挖掘本地的农耕文化和特色文化，开发与之相结合的文化创意产品和文化休闲田园项目，吸引游客深度体验乡村文化民俗；加深农文旅融合，要挖掘、开发农村地区优秀民俗文化、村志、名人轶事，丰富文化内涵；加深农文旅融合，要整理、收集、弘扬和保护

已有的古村落和非物质文化遗产在内的传统文化。这些措施既挖掘和传播了乡村文化，又保护和改善了乡村文明。同时，创新乡村文化的旅游化方法，用活态化、科技化、艺术化、体验化、游戏化、节庆化和文创化的方式展示、保护和传承乡村文化和传统民俗，完善乡村文化体系，助力乡村文化振兴。

（四）创新农文旅发展理念，助力乡村生态振兴

在推进农文旅融合发展和供给侧结构性改革中，要创新发展理念，践行习近平主席的生态文明思想。中国式现代化是人与自然和谐共生的现代化，必须像保护眼睛一样保护自然和生态环境。一要坚持绿色旅游理念，培育与绿色旅游理念相适应的农文旅新业态旅游产品和绿色项目。规划绿色旅游路线，打造一批生态旅游名镇，形成生态旅游产业带。二要坚持绿色有机生态农业理念，还原保留当地农耕传统，打造集观赏、游玩和研学于一体的乡村田园种植区。整合土地资源，创建创意农业示范基地，打好"青山绿水生态牌"。三要坚持以"看得见山，望得见水，记得住乡愁"为宗旨，统筹田、水、路、林、村建设，挖掘乡村发展动能，实现村容干净、整洁、有序，农民幸福感、获得感进一步增强。促进农文旅项目规划和实施全过程遵循绿色旅游，促进农村地区实施全域整治，提升农村地区综合环境，助力乡村生态振兴。

（五）完善乡村治理体系，助力乡村组织振兴

加深农文旅融合，需充分发挥基层党组织的战斗堡垒作用，从农文旅项目规划、实施到宣传都离不开党组织的组织力量和组织功能，同时，在发展农文旅过程中，基层党组织的活力不断被激发，效力不断提升，政治引领和思想保障地位得到了进一步凸显和巩固保证。加深农文旅融合，需释放土地、资金、人才等要素的活力，推广各类经营模式，如"公司+农户""合

作社+农户"、股份合作制等，加快土地流转，推动集体经济发展。经济利益的驱动促使村民参与度和共享度提升，村民自我发展和自我管理能力增强。在加深农文旅融合过程中发挥各级党组织的引领作用，激发农村各类专业合作经济组织、社会组织和村民自治组织，健全自治、法治和德治相结合的乡村治理体系，完善村民民主管理制度，助力乡村组织振兴。

主要参考文献

段博俊，段景田，2020. 农业产业化发展研究［M］. 北京：中国农业出版社．

金伟栋，2019. 农村一二三产业融合发展：政策创新与苏州实践［M］. 苏州：苏州大学出版社．

孙正东，2017. 现代农业产业化联合体理论分析和实践范式研究［M］. 北京：人民出版社．